자연과학시리즈

6

퀴즈
생물학의 역사

정완상 지음

KYOWOOSA 교우사

머리말

전기에 대한 연구는 누가 처음 시작했고 어떻게 발전했을까? 우리 주위의 기체는 누가 발견했을까? 세포는 누가 발견했는가? 아마도 이런 호기심을 가진 사람들이 많을 것입니다. 그래서 이 시리즈에는 과학의 역사를 더듬어 보았습니다.

이 시리즈는 기존의 다른 과학의 역사에 관한 책들보다 퀴즈로 되어 있어 문제를 풀어볼 수 있다는 장점이 있습니다. 문제를 풀어 나가면서 물리, 화학, 생물, 지구과학, 천문학의 역사에 대해 자신이 얼마나 알고 있는가를 가늠해 볼 수 있습니다. 이 시리즈에 나오는 과학자들은 과학사의 영웅들입니다. 이런 영웅들의 업적을 통해 과학자들이 얼마나 위대한 지를 독자들이 느낄 수 있었으면 하는 것이 저자의 소망입니다.

이 책은 미래의 과학자를 꿈꾸는 청소년들, 과학에 대한 상식을 풍부하게 지니고 싶어 하는 일반인, 또한 퀴즈 프로그램에서 좋은 결과를 내고 싶어 하는 사람에게 좋은 도움이 될 것입니다.

저자는 KAIST에서 이론물리학을 하고 대학에 와서 물리학과 수학을 가르쳐 왔습니다. 그래서 그동안 대학에서 연구한 내용과 강의했던 내용을 토대로 이 책을 집필하게 되었습니다. 저자는 2011년 EBS에서 과학의 역사에 대한 스무 번의 강의를 하면서 과학의 역사를 정리하고 싶었습니다. 교우사에서 이 시리즈를 긍정적으로 생각해주셔서 이 시리즈가 나오게 되었습니다. 이번 시리즈를 만들면서 저자 본

인도 과학의 역사를 좀 더 알 수 있었고, 전에는 알지 못했던 새로운 과학자에 대해서도 알게 되어 즐거웠습니다.

끝으로 이 책을 출간할 수 있도록 배려하고 격려해준 교우사의 식구들에게 감사를 드립니다. 이 책의 자료 정리에 도움을 준 대학원생들에게도 감사를 드립니다.

진주에서
정완상

CONTENTS

퀴즈 생물학의 역사

제 1 부

고대와 중세의 생물학

QUIZ 01

기원전 500년 경 해부를 통해 눈과 뇌를 연결하는 시신경을 처음 발견한 사람은?

해설 알크마이온은 인간과 우주가 똑같은 설계에 의해 만들어졌으며 인간은 우주를 작은 규모로 만든 것이라고 주장했다.

QUIZ 02

모든 사물이 물, 불, 흙, 공기의 4원소로 이루어졌다고 주장한 이 사람의 이론은 아리스토텔레스에게 큰 영향을 주었다. 고대 그리스의 자연과학자인 이 사람은 동물의 눈이나 발이나 팔이나 머리 등이 원래 따로 떨어져 돌아다니다가 사랑의 힘에 의해 합쳐져서 지금의 모습이 되었다는 엉뚱한 이론을 주장했다. 이 사람은 누구인가?

해설

ANSWER

01 알크마이온 02 엠페도클레스

QUIZ 03

고대 그리스의 의사인 이 사람은 세계 최초의 의학교를 세웠고, 우리 몸에 점액, 혈액, 노란 담즙, 검은 담즙이라는 네 개의 체액이 있다는 체액설을 주장했다. 이 사람은 누구인가?

해설

원시시대에는 샤머니즘적인 주술사가 사람들의 병을 치료했다. 그들은 우주 질서와의 조화를 이루지 못해서 병에 걸리거나 악마가 사람의 몸에 들어와 병에 걸린다는 식으로 질병의 원인을 악마나 초자연적인 현상으로 생각했다.

병을 악마나 초자연적인 힘에 의해 발생하는 것이 아닌 과학적으로 연구 가능한 자연현상이라는 개념을 처음 정립한 사람은 히포크라테스이다. 의학의 아버지로 불리우는 히포크라테스는 연금술과 아리스토텔레스의 4원소설을 이용하여 의학의 이론을 처음으로 정립했다.

히포크라테스는 그리스의 코스섬에서 태어났다. 그의 아버지가 의사였기 때문에 그는 어릴 때부터 아버지로부터 의술을 배울 수 있었다. 그는 여러 나라를 여행하면서 의술에 대한 의견을 나누었다.
당시에는 질병이 악마의 소행이라고 생각해 병에 걸린 사람들은 치료를 위해 신전을 찾았다. 그는 과학적인 방법으로 질병의 원인을 찾아야겠다고 결심했다.

히포크라테스는 그의 저서 〈공기, 물, 장소〉에서 사람들의 행복이 환경에 의해 어떤 영향을 받는지를 설명하면서 건강은 환경적 영향의 조화, 생활방식과 공기, 물, 음식, 지형 등의 영향을 받는다고 믿었다. 그는 자연의 치유력이라고 부른 인체 스스로의 치유력을 인정했으며 의사는 자연이 인간의 몸을 잘 치료할 수 있도록 가장 유리한 조건을 만들어 주는 사람으로 정의했다. 구체적으로 기술하면, 히포크라테스는 신체에는 네 가지 체액이 있어 이들이 균형과 조화를 잃게 되면 병에 걸린다고 생각했다. 히포크라테스가 생각한 네 가지 체액은 불의 성질을 가진 혈액과 물의 성질을 가진 점액과 흙의 성질을 가진 흑담즙과 공기의 성질을 가진 황담즙이다. 이 들 네 체액이 균형을 이루면 건강하고 그렇지 않으면 병에 걸리는 데 만일 혈액에 이상이 있으면 불의 성질을 가진 약을 먹으면 균형을 다시 맞출 수 있다는 것이 히포크라테스의 생각이다.

ANSWER

03 히포크라테스(기원전 460~370)

QUIZ 04

고대 그리스의 의사인 이 사람은 병을 치료하는 솜씨가 뛰어났다. 이 사람은 항상 뱀이 감긴 지팡이를 들고 다녔다. 이 사람의 업적을 기념하기 위해 세계 보건기구의 마크에는 뱀이 감긴 지팡이가 그려져 있다. 이 사람은 누구인가?

QUIZ 05

고대 그리스의 이 사람은 플라톤의 제자이고 알렉산더 대왕의 스승이다. 그는 생물학의 기본이 되는 많은 책을 썼는데 동물의 신체구조와 생활하는 모습을 담은 책 『동물의 역사』를 써서 동물이 어떻게 번식하고 어디에서 주로 사는 지를 연구했고 동물을 해부한 그림과 동물의 생리기능을 다룬 『동물비교생리학』, 동물이 어떻게 움직이는 지를 연구한 『동물 운동론』, 동물이 어떻게 발달하고 성장하는 지를 연구한 『발달생물학』이라는 책을 썼다. 이 사람은 누구인가?

해설 아리스토텔레스는 두더지에게 퇴화된 눈이 있다는 것을 알아냈고, 암컷에 수컷의 생식기가 있어 암수한몸으로 여겨지던 하이에나가 암수한몸이 아니라는 것, 메기 중에서는 수컷이 새끼를 돌보는 것도 있다는 것 등을 발견했다.

ANSWER

04 아스클레우스 05 아리스토텔레스

아리스토텔레스는 동물 연구외에도 곤충, 갑각류, 어류, 양서류, 파충류, 포유류, 조류 등 600여 종의 생물에 대해 연구했다.

QUIZ 06

고래가 포유류라는 것을 처음 알아낸 사람은?

해설 아리스토텔레스는 고래와 돌고래는 소나 양처럼 새끼를 낳아 젖을 물리는 포유류임을 알아냈다. 그는 헤엄을 친다고 모두 어류는 아니고, 날아다닌다고 모두 조류는 아니라고 주장했다. 예를 들어 박쥐는 날아다니지만 조류가 아니라 포유류이고 타조는 날지 못하지만 조류이다.

ANSWER

06 아리스토텔레스

포유류인 고래는 어떻게 물속에서 살 수 있나? 고래도 사람처럼 콧구멍을 통해 폐로 호흡을 하는 포유류이다. 그런데 고래가 물속에 들어갈 때는 콧구멍이 닫혀 물이 들어가지 않는다. 고래의 근육 속에는 산소를 저장할 수 있는 미오그로빈이라는 물질이 많이 들어 있어 물속에서 45분 정도를 잠수한 채 있을 수 있다. 하지만 그 시간이 지나면 다시 산소를 마시기 위해 수면위로 올라가야 한다. 고래는 숨을 쉬기 위해 수면으로 올라와 폐 속의 공기를 바꾸기 위해 콧구멍에 있는 물과 기도에 있는 거품을 공기 중으로 내 뱉는다. 다시 말하면 고래는 수면에 올라와 우선 콧구멍으로 공기를 뱉는다. 이때 큰 소리가 나면서 멀리까지 소리가 들리는데, 이것이 마치 콧구멍에서 물기둥을 뿜는 것처럼 보여 '고래가 바닷물을 뿜는 것'처럼 보인다. 사실 이것은 바닷물이 아니라 수증기를 머금은 따뜻한 공기이다. 고래가 숨을 내쉴 때 나온 수증기가 바깥의 공기에 닿아서 물방울로 변하기 때문에 물을 뿜는 것처럼 보인다.

QUIZ 07

기원전 300년 경 동맥과 정맥을 처음으로 구별하여 동맥은 뛰고 있지만 정맥은 뛰고 있지 않다고 주장한 사람은?

ANSWER

07 헤로필로스

QUIZ 08

고대 그리스의 해부학자인 이 사람은 모든 인체의 구조를 기능적으로 해설했다. 그는 코는 숨을 위기 위해 만들어졌고, 다리는 걷기 위해, 눈은 보기 위해 만들어졌다고 주장했다. 그는 인체의 세 가지 중요한 기능을 소화, 호흡, 신경기능으로 정의했다. 이 사람은 누구인가?

해설

소아시아 출신의 고대 그리스 시대 마지막 의학자 갈레노스는 히포크라테스의 4체액설에 세 개의 정기를 도입했다. 그가 도입한 세 개의 정기는 자연정기, 생명정기, 정신정기이다. 그의 학설에 따르면 간은 음식물을 소화 흡수 시켜 혈액에 자연정기를 주고, 혈액은 인체의 각 부분으로 흘러가 흡수되며 그 중 일부는 폐로 흘러들어간다.

ANSWER

08 갈레노스(129 ~ 200년 경)

혈액이 폐에서 공기를 만나면 생명정기가 만들어져 이것이 몸 전체로 운반되고 뇌로 흘러들어간 생명정기는 정신정기로 바뀐다.

갈레노스는 해부를 처음 한 의학자로 알려져 있다. 그는 아프리카 원숭이를 해부해 근육과 뼈 조직을 정확히 관찰했고 일곱 쌍의 뇌신경을 알아냈다. 또한 그는 심장속의 판막을 처음 보았고 정맥과 동맥의 차이를 처음으로 알아냈다. 또한 그는 인간의 병을 고치기 위해 최초로 인간을 해부한 것으로 알려져 있다.

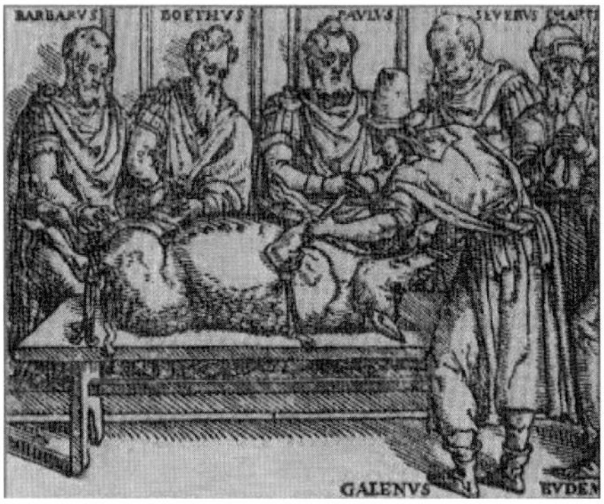

QUIZ 09

16세기 초 연금술을 의학에 응용하여 의화학이라는 새로운 분야를 개척한 사람은 누구인가?

ANSWER

09 파라셀수스

해설 16세기에 들어서면서 유럽의 연금술사들은 다시 연금술을 의학에 이용하기 시작했다. 그 선구적인 의학자는 파라셀수스이다. 그의 이름은 원래 폰 호헨하임이지만 자신이 로마 최고의 의학자인 셀수스를 능가한다는 뜻으로 이름을 파라셀수스라고 불렀다.

〈파라셀수스〉

스위스 출신의 파라셀수스는 연금술, 광산학, 점성술을 공부했는데 바젤에서 의사생활을 하면서 연금술을 의학에 응용하여 의화학이라는 새로운 분야를 개척했다. 당시의 의사들은 히포크라테스와 갈레노스의 체액설을 이용하고 있었는데 비위생적이며 무모한 처방이 오히려 사람들의 평균수명을 단축시켰고 당시 유럽을 휩쓸던 감염성 질병에 전혀 효과가 없었다. 그는 연금술 이론에 따라 특정한 질병에는 특정한 성분의 약이 처방되어야 한다는 합리적인 생각을 가지고 있었다.

파라셀수스는 소화가 연금술의 한 작용이며 모든 물질의 조성이 황과 수은과 소금의 세 원소로 이루어져 있다고 생각했다. 그는 소금과 같은 금속염들을 의학에 사용해야한다고 주장했는데 그가 쓴 『안티몬의 승리의 전차』라는 책에는 안티몬 염을 만드는 방법과 의학에서의 이용방법에 대해 명확하게 설명했다.

QUIZ 10

이 사람은 이발사 출신으로 의과의사가 되었다. 그는 처음으로 의수와 의족을 발명했다. 이 사람은 누구인가?

해설 시골의 이발사 출신인 파레는 1529년 파리로 와서 여러 전쟁에서 군의로 일하면서 훌륭한 외과의사가 되었다. 1572년 위그너 교도가 대학살을 당할 때에도 위그너 교도인 그는 왕의 선처로 목숨을 건질 수 있었다.

파레는 외과에 대한 네 가지 중요한 기여를 했다. 그는 총알에는 독이 없으므로 총상을 입은 사람에게 펄펄 끓는 기름으로 치료할 필요가 없다는 사실을 알아냈다. 또한 그는 신체의 절단된 부위의 출혈을 멎게 하려면 불에 달군 쇠로 지지는 것이 아니라 동맥을 동여매야한다고 주장했다. 그는 이상 분만의 경우 태아를 회전시키면 쉽게 분만을 촉진시킬 수 있다는 것을 알아냈다. 그는 또한 전쟁이나 사고로 손발이 잘린 사람들을 위해 의수와 의족을 발명했다.

ANSWER

10 파레(1510–1590)

QUIZ 11

이 사람은 해부학에 대한 최초의 교과서인 『인체의 구조에 대하여』라는 책을 썼고 시체를 훔쳐서 수업시간에 학생들 앞에서 직접 해부를 하는 수업을 진행했다. 이 사람은 누구인가?

해설

QUIZ 12

이 사람은 영국 왕 제임스 1세의 어의로 일했고 혈액순환설을 처음 주장했다. 이 사람은 누구인가?

ANSWER

11 베살리우스 12 하비

해설 하비는 이탈리아 파도바 대학에서 파브리치우스 교수 밑에서 의학을 배웠다. 하비는 해부를 통해 물고기나 뱀처럼 주위의 온도에 따라 체온이 변하는 변온동물과 포유류처럼 체온이 일정하게 유지되는 항온동물을 구분했다. 그는 또한 폐를 가진 동물과 폐가 없는 동물을 구분했고, 척추동물과 무척추 동물을 구분했다.

하비는 자신의 팔뚝에 실을 묶어 동맥을 통해 피가 흐르지 못하게 하면 묶은 부분의 아래쪽은 창백해지고 위쪽은 부풀어 오르는 것을 보고 혈액은 동맥을 통해 심장에서 몸으로 흐른다는 것을 알아냈다.

그는 이 실험을 정맥에 대해서도 해 보고 정맥을 통해서는 혈액이 몸의 각 부분에서 심장으로 들어간다는 것을 알아냈다. 이렇게 심장에서 혈액이 동맥을 통해 몸의 각 부분으로 흐르고 정맥을 통해 다시 심장으로 되돌아간다는 이론을 하비의 혈액 순환설이라고 부른다.

QUIZ 13

음식물이 위에 흡수되듯이 공기가 폐에 흡수된다고 주장한 사람은?

QUIZ 14

생물의 몸속에서 일어나는 모든 현상은 효소에 의해 일어나며 효소는 음식물을 6단계 과정을 거쳐 우리 몸의 살로 변한다고 주장한 사람은?

해설 헬몬트는 점액이 폐질환을 일으킨다고 주장한 히포크라테스의 이론을 인정하지 않았다. 그는 포도가 발효할 때 이산화탄소가 발생하는 사실로부터 생물체의 몸속에서도 발효현상이 일어나는 데 이 현상은 효소에 의해 일어난다고 주장했다.

ANSWER

13 파라셀수스(1493 ~ 1541) 14 헬몬트(1577 ~ 1644)

QUIZ 15

우리 몸에 산과 염기의 균형이 깨지면 병이 생긴다고 주장한 사람은?

해설 실비우스는 사람 몸속에서 발효할 때 산과 염기가 발생하는 데 산과 염기의 균형이 깨지면 병에 걸린다고 생각했다.

QUIZ 16

동물에게 신성한 공기를 공급하지 않으면 동물이 죽는다는 것을 알아낸 사람은?

해설 보일은 사람이 숨을 쉬는 것이 공기를 폐가 흡수하는 작용이라는 것을 알아냈다.

ANSWER

15 실비우스(1614～1672) 16 보일

퀴즈 생물학의 역사

제2부

세포 발견의 역사

QUIZ 01

현미경을 처음 발명한 사람은?

해설 1590년 네델란드 미델부르크에 사는 자카리아스 얀센과 그의 아들 한스 얀센이 눈으로 볼 수 없는 작은 물체를 볼 수 있는 현미경이라는 장치를 발명했다. 얀센 부자는 집안 대대로 안경을 만들어 왔는데 어느 날 아들이 그의 아들 가게 앞에서 볼록렌즈를 가지고 놀고 있는 것을 지켜보던 중, 우연히 하나의 돋보기로 확대한 물체의 상에 다른 돋보기를 가져다대면 더욱 확대되어 보인다는 것을 알게 되었다. 그래서 두 돋보기를 원통에 끼워 물체를 들여다보았더니 물체가 크게 보였다. 이것이 바로 작은 물체를 확대해서 볼 수 있는 최초의 현미경이다.

얀센 부자의 현미경 발명 소식이 전해지자 생물학자들은 크게 자극되어 손수 현미경들을 만들기 시작하고 아주 작은 생물들을 관찰하기 시작했다.

ANSWER

01 얀센 부자

QUIZ 02

현미경을 통해 처음으로 미생물을 발견한 사람은?

해설 1676년 네덜란드의 렌즈 연마사인 레벤후크가 현미경을 통해 눈으로 볼 수 없는 물속의 작은 생물을 발견했다. 그는 1674년에 호수에서 떠 온 물에 녹색 구름처럼 물질이 덮여 있는 것을 보고 현미경으로 이 물을 조사했다. 물 속에는 여러 가지 모양으로 생긴 작은 생물들이 빠르게 움직이고 있었다. 이 생물들은 녹색인 것도 있고, 투명한 것도 있고 모양도 둥근 것도 있고 계란 모양도 있는 등 여러 모양이었다. 그리고 어떤 생물은 다리도 가지고 있고, 작은 털도 있었다. 이렇게 눈으로 볼 수 없을 정도로 작은 생물을 미생물이라고 부르게 되었다.

레벤후크는 현미경을 이용하여 벌침 관찰을 시작으로 미생물, 모세혈관의 혈구, 치아 타르의 박테리아, 정충 그리고 신경구조 등을 관찰했다. 레벤후크는 일생동안 500개 이상의 현미경을 만들고 그가 죽은 후 그의 딸이 248개의 현미경을 더 만들었다. 그의 현미경의 배율은 30배에서 266배에 이른다.

QUIZ 03

현미경으로 세포를 처음 관찰한 사람은?

ANSWER

02 레벤 후크 03 로버트 후크

해설 로버트 후크는 1635년 영국 와이트 섬에서 태어났다. 어리 때부터 로버트 후크는 사물에 대한 관찰과 발명과 그림그리는 일을 좋아했다. 아버지가 돌아가신 후 후크는 런던의 웨스터민스터 학교에 입학했다. 1653년 후크는 옥스퍼드 대학에 입학했다. 1655년 후크는 보일의 법칙으로 유명한 보일의 조수가 되어 보일을 도와 진공펌프를 만들었다. 그 해 그는 천문학 공부를 시작해 중력에 대해 연구했다. 그는 또한 용수철의 탄성력에 대한 유명한 후크의 법칙도 발견했다.

1665년 후크는 생물학에 관심을 가졌다. 그는 레벤후크의 일에 관심이 많아 본인이 현미경을 손수 제작했다.

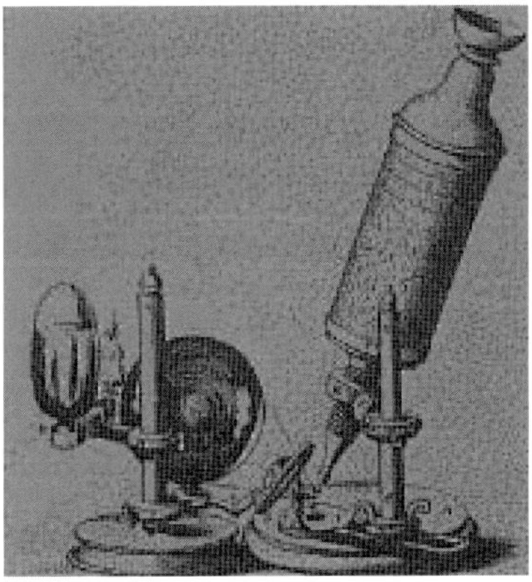

어느 날 그는 포도주를 마시려고 코르크 마개를 열다가 펑 소리를 내면서 뚜껑이 날아가는 것을 보았다. 뚜껑은 우연히 컵에 담긴 떨어졌는데 마개가 물에 떠 있는 모습을 보고 후크는 코르크가 왜 물에 뜰 정도로 가벼운지 의아해했다. 그는 코르크의 속이 어떻게 생겼는지 궁금했다. 결국 그는 현미경으로 코르크의 얇은 조각을 관찰하던 중에 코르크가 벌집처럼 여러 개의 작은 방으로 나뉘어져 있다는 것을 발견했다. 그는 이 방 하나하나를 세포라도 불렀다.

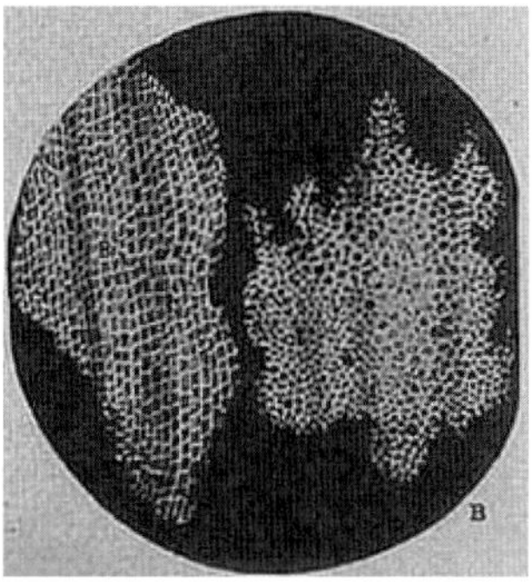

로버크 후크는 자신이 관찰한 많은 결과들을 『마이크로그라피아』라는 책에 모두 실었다.

QUIZ 04

세포 하나로만 이루어져 있는 생물을 무엇이라고 부르는가?

해설 많은 생물은 여러 개의 세포로 이루어져 있기 때문에 다세포생물이라고 하지만, 어떤 종은 하나의 세포로 되어 있기 때문에 단세포생물이라 부른다. 단세포생물에는 세균, 규조, 반달말, 클로렐라, 아메바, 짚신벌레등이 있다. 동물의 난자는 발생 초기에는 단세포이지만, 곧 분열하여 다세포가 된다.

ANSWER

04 단세포생물

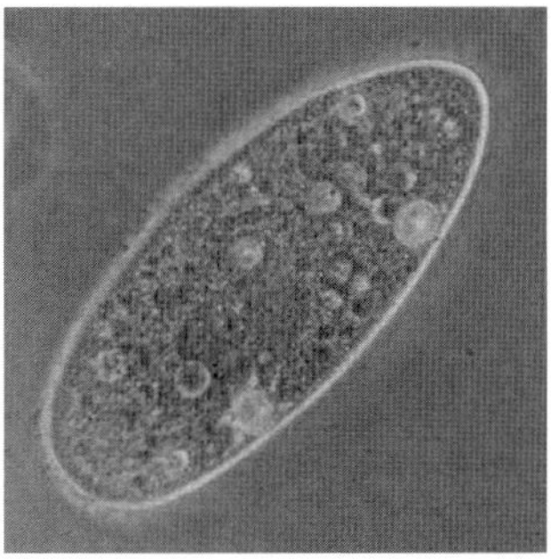

〈짚신벌레〉

QUIZ 05

세포의 크기는 어느 정도인가?

해설 눈으로 보이는 세포로는 발생 초기의 동물의 난자, 신경세포(길이 1m), 목화의 섬유세포(길이 5cm) 등이 있다. 세포의 모양은 공 모양, 실 모양, 통 모양 등 여러 가지가 있다. 인체를 형성하는 세포의 평균 크기는 17마이크로미터(1마이크로미터는 1밀리미터의 1000분의 1)정도이며 신경세포를 제외한 가장 큰 세포는 난세포로 지름 230마이크로미터인 공모양이다.

QUIZ 06

식물 조직이 세포로 이루어져 있다는 것을 처음 알아낸 사람은?

ANSWER

06 슐라이덴

해설 1838년 독일의 슐라이덴이 현미경으로 식물의 성장과 구조에 대한 연구를 하던 중 식물의 모든 부분이 세포로 이루어져 있다는 사실을 발견, 세포가 식물의 몸을 이루는 기본 단위임을 입증했다. 그는 배율 2000배의 현미경으로 식물세포를 관찰했는데 식물의 모든 부분이 세포로 이루어져 있음을 알아냈다. 그는 또한 식물이 자라면서 점점 커지는 것은 새로운 세포가 만들어지기 때문이란 것도 알아냈다.

QUIZ 07

동물 조직이 세포로 이루어져 있다는 것을 처음 알아낸 사람은?

해설 1839년 독일의 슈반은 물의 몸도 세포로 이루어져 있다는 것을 알아냈다. 슈반은 식물세포설의 주장자인 슐라이덴과 친구사이로 알려져 있는 데 이로써 두 친구가 식물과 동물의 세포를 발견했다.

슈반은 슐라이덴이 현미경으로 식물을 들여다 볼 때 줄곧 동물을 들여다 보았다. 그리고 동물의 조직도 여러 개의 방으로 나뉘어 져 있다는 것을 알아냈다. 그 방은 바로 동물의 조직을 이루는 동물 세포이다.

슐라이덴과 슈반의 연구로 모든 생물이 세포로 이루어져 있다는 것이 확인되어 세포가 생물의 몸의 기본단위임이 밝혀졌다.

ANSWER

07 슈반

QUIZ 08

동물이 신경을 통해 전기를 만들고 전달할 수 있다는 것을 알아낸 사람은 누구인가?

해설 1939년 영국의 생물학자 후즈킨과 헉슬리에는 신경에 대한 연구를 했다. 신경 생리학자인 두 과학자는 동물이 신경을 통해 전기를 만들고 전달할 수 있다는 사실을 알아냈는데 이들이 실험에 주로 사용한 신경세포는 오징어의 신경세포였다. 그들이 이 실험을 하기 위해서는 신경세포에 전극을 꽂아야 하는 데 개구리나 고양이의 신경세포는 너무 가늘어 전극을 꽂을 수가 없었다. 그러던 중 오징어의 신경세포가 사람의 신경세포보다 수백배나 굵다는 것을 알아내고 오징어를 이용해 실험에 성공했다.

QUIZ 09

우리 몸을 이루는 세포의 수는 몇 개인가?

QUIZ 10

세포에도 수명이 있는가?

ANSWER

08 후즈킨과 헉슬리 09 약 70조 개에서 100조 개 사이

해설 우리 몸의 세포는 대부분 80일 마다 절반이 죽는다. 하지만 소장벽의 세포는 36시간만에 죽고 백혈구 세포의 수명은 13일, 적혈구 세포의 수명은 120일이다. 가장 수명이 긴 세포는 신경세포로 130년 동안 살 수 있다.

QUIZ 11

세상에서 가장 큰 세포는?

해설 조류의 모든 알은 하나의 세포로 이루어져 있다. 알 중에서 가장 큰 것이 코끼리새의 알이다.

QUIZ 12

세포핵을 발견한 사람은?

해설 1833년 영국의 브라운은 세포의 중심에 동그란 공모양의 핵이 있다는 것을 알아내고 이것을 세포핵이라고 불렀다. 그는 난초의 표피를 현미경으로 관찰하고 있다가 이상한 반점들을 발견했다. 그 반점들은 세포 마다 하나씩 들어 있었는데 그는 이것을 세포핵이라고 불렀다.

ANSWER

11 코끼리새 알 12 브라운

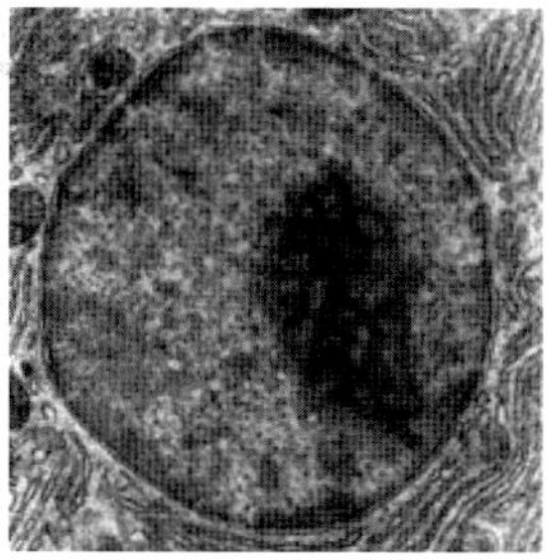

영국의 로버트 후크가 현미경을 이용하여 식물세포를 둘러싼 벽을 발견하고 그 벽의 이름을 세포벽이라고 불렀다. 그 후 동물세포를 관찰한 많은 생물학자들이 동물세포는 세포벽을 가지고 있지 않다는 것을 알아냈다.

생물학자들은 세포의 구조의 차이로부터 드디어 동물과 식물의 차이를 알게 되었다. 즉, 세포벽이 있으면 식물, 없으면 동물이다.

QUIZ 13

이것은 세포 속에서 호흡 작용을 하며 소시지 모양으로 생겼다. 베더가 발견한 이것의 이름은?

해설 1897년 독일의 생물학자 베더가 세포속의 새로운 작은 기관인 미토콘드리아를 발견했다.

미토콘드리아는 세포의 호흡 작용을 한다. 호흡은 폐에 의한 호흡과 세포에 의한 호흡이 있는데 미토콘드리아는 세포 호흡을 담당한다. 즉 미토콘드리아에서는 산소를 이용하여 포도당을 분해하여 이산화탄소와 물을 만들어 내면서 이때 세포가 필요로 하는 에너지를 만들어낸다.

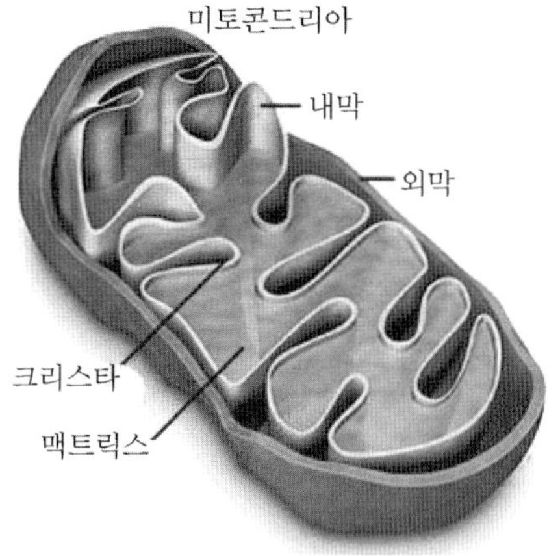

보통 1개의 세포에는 수십 개의 미토콘드리아가 있는데, 에너지를 많이 필요로 하는 세포일수록 많이 가지고 있다. 예를 들어 간세포처럼 에너지를 많이 필요로 하는 세포에는 하나의 세포에 미토콘드리아가 1000~2000개 있다.

QUIZ 14

이것은 세포 속에서 단백질을 합성하고 만들어진 단백질을 세포의 내부와 외부로 운송하는 역할을 하는 역할을 한다. 이것은 무엇인가?

해설 1945년 벨기에의 생물학자 클라우드와 그의 동료들이 세포속에서 소포체를 발견했다. 소포체는 세포 속에서 단백질을 합성하고 만들어진 단백질을 세포의 내부와 외부로 운송하고 해독작용을 한다.

QUIZ 15

이것은 소포체에서 합성된 단백질을 인체에서 사용될 수 있게 가공하는 역할을 한다. 이것은 무엇인가?

해설 1898년 이탈리아의 생물학자 골지가 자신의 이름을 딴 세포 속 기관인 골지체를 발견했다. 골지체는 호떡을 여러 개 쌓아 놓은 모습으로 소포체에서 합성된 단백질을 가공하는 일을 한다. 소포체에서 합성된 단백질은 인체에서 바로 사용될 수 있는 형태가 아니기 때문에 골지체에서 가공을 해야 인체에서 사용할 수 있다.

QUIZ 16

원형질이란 무엇인가?

해설 원형질이라는 용어는 푸르키네라는 생물학자가 처음 사용했다. 원형질은 세포속의 모든 구성성분으로 세포핵, 미토콘드리아, 소포체 등이 모두 원형질을 이룬다. 원형질 중에서 세포핵을 제

ANSWER

15 골지체

제외한 나머지 부분을 세포질이라고 부른다.

세포는 원형질로 된 작은 상자 모양으로 세포핵을 가지고 있다. 핵은 주로 공 모양이지만 거대한 끈 모양 등 여러 가지 모양을 가진다. 세포핵의 크기도 작은 것은 물곰팡이의 세포핵처럼 지름 1마이그로미터 크기에서부터 소철에서 볼 수 있는 난세포의 핵과 같이 지름이 60마이크로미터인 것까지 있다. 핵 속의 염색사에는 DNA로 이루어져 있는 유전자가 있다.

원형질 중에서 세포를 제외한 나머지 부분인 세포질 속에는 색소체, 미토콘드리아, 골지체 등이 있으며, 색소체는 식물세포에만 있는 것으로 크기가 4내지 6마이크로미터정도이다. 색소체에는 엽록체, 백색체, 잡색체 등이 있는데, 엽록체와 잡색체는 엽록소를 가지고 있어 이들 색소체를 가지고 있는 생물은 광합성을 할 수 있다. 미토콘드리아는 지름이 0.5내지 1마이크로미터 정도이고 길이가 7마이크로미터 정도로 DNA와 RNA를 가지고 있다. 이것은 호흡효소를 비롯한 여러 효소를 가지고 있다. 세포의 기능은 핵과 세포질, 즉 원형질의 기능이 대부분을 차지한다. 세포질을 구성하는 물질이나 세포질을 둘러싼 물질의 변화나 행동에 의하여 여러 가지 화학변화와 물질 변환, 그리고 에너지 변환이 일어나서 생명의 중심을 이루는 일을 계속할 수 있다. 핵분열이나 세포분열도 세포 내의 물질이나 에너지 변환에 의하여 일어나는 세포의 움직임의 결과이다.

핵은 유전자를 가지고 유전의 주체가 되고 미토콘드리아는 효소활동이나 에너지의 중심이 되며, 소포체는 단백질합성, 색소체인 엽록체는 광합성을 한다. 세포벽은 용액을 자유로이 통과시키지만 세포막은 용액을 선택적으로 흡수 배출시킨다. 또, 흡수한 수분에 의하여 세포 내에 삼투압이라는 압력을 만든다. 세포를 그 세포액보다 높은 농도의 용액에 넣으면 세포 속의 수분을 밖으로 내고, 농도가 낮은 용액에 넣으면 세포 속으로 수분이 들어온다.

수분이 빠져 나갔을 때는 식물세포에서는 원형질이 세포벽에서 떨어져 수축하는 데 이 현상을 원형질분리라고 한다. 원형질은 조금씩 움직이는 데 대부분의 세포에서는 이 움직임을 현미경으로 볼 수가 없지만 아메바의 세포, 자주달개비의 수술세포 등에서는 세포질이 격렬하게 움직이는 것을 볼 수 있다.

처음 세포설을 주장한 슐라이덴은 새로운 세포가 이미 존재하는 세포의 표면에 있는 싹에서 생겨난다고 주장했는데 이것은 나중에 틀린 것으로 판명되었다. 슐라이덴의 주장과 달리 세포는 새로 태어나는 것이 아니라 기존의 세포들이 세포분열하여 생겨난다.

1855년 독일의 피르호는 질병의 원인이가 세포가 병들었기 때문이라고 주장했다. 하지만 후에 파스퇴르가 미생물이 질병의 원인이 된다고 주장해 지금은 이 두 가지 모두 질병의 원인으로 인정되고 있다.

QUIZ 17

식물 세포와 동물 세포의 차이는 무엇인가?

해설 식물 세포와 동물 세포에 공통으로 있는 것은 핵, 세포질, 세포막, 미토콘드리아 등이다. 그러나, 식물 세포에는 동물 세포에는 없는 세포벽, 엽록체 등이 있지요. 또한 동물 세포에는 식물 세포에는 없는 중심체가 있다. 액포는 식물 세포에는 항상 존재하며, 대개 늙은 세포일수록 그 크기가 크다. 반면 동물 세포는 식물 세포에 비해 작은 크기의 액포를 갖고 있다.

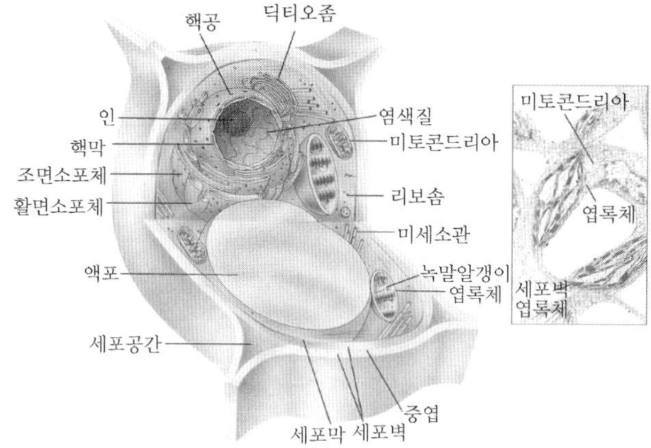

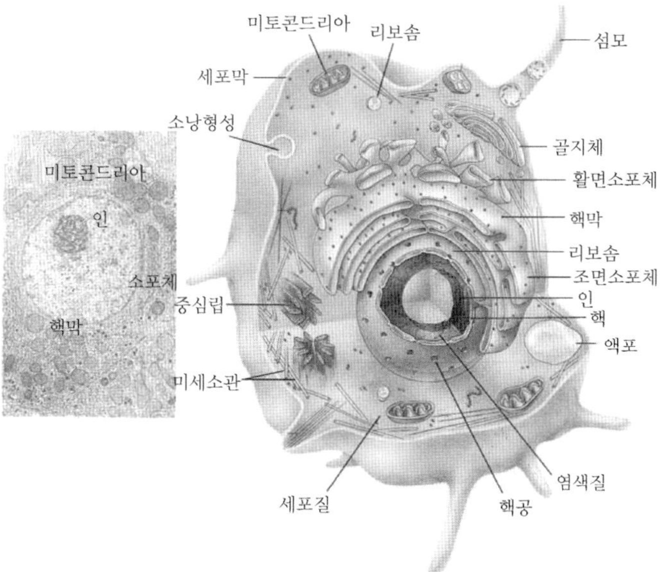

〈식물세포의 구조〉

퀴즈 생물학의 역사

제 3 부

예방접종과 미생물

QUIZ 01

최초의 예방 접종을 한 이 사람은 천연두로부터 수많은 사람들을 구했다. 종두법의 창시자인 이 사람은 누구인가?

해설 예방주사를 처음 알아낸 사람은 영국의 생물학자 제너이다. 제너는 1749년 영국의 버클리에서 태어났다. 제너는 어려서부터 자연을 좋아하고 특히 생물을 관찰하는 것을 좋아했다.

제너가 태어나기 전부터 천연두는 수많은 사람들의 목숨을 빼앗아가는 아주 무시무시한 질병이었다. 천연두에 걸리면 온몸이 불덩어리가 되고 여기저기 고름이 생기는데 한 번 천연두에 걸리면 다섯 명 중 한 명이 죽거나 설령 살아남는다 해도 곰보로 평생을 살아가야 했다.

ANSWER

01 제너

18세기의 유럽에서는 100년 동안 천연두로 6천만 명이나 사망했고 유명한 프랑스의 왕 루이 15세도 이 병으로 죽었을 만큼 당시 천연두는 사람들을 공포로 몰아넣었다.

당시 사람들은 한 번 천연두에 걸렸던 사람은 다시는 걸리지 않는다고 믿었다. 그래서 천연두에 걸린 사람의 고름을 건강한 사람의 피부나 콧구멍에 넣는 일이 많았다. 그런데 이 방법은 그리 좋은 방법이 아니었다. 천연두의 고름을 바른 사람이 천연두에 걸리거나 다른 사람들에게 천연두를 전염시키는 일들이 발생했기 때문이었다.

무시무시한 천연두를 막는 방법은 사실 아주 오래 전부터 연구되었다. 10세기 후반에 중국의 왕단은 자신의 아들이 천연두로 죽자 많은 상금을 내걸고 천연두의 치료법을 찾았는데 한 선인이 와서 그 치료법을 알려주었다. 그가 알려준 방법이 바로 천연두에 걸렸지만 죽지 않았거나 가볍게 천연두를 앓고 있는 사람의 고름을 모아 병에 한 달간 보관한 다음 이를 가루로 만들어 환자의 콧속에 넣는 방법이다. 물론 이 방법은 앞에서 얘기한 것처럼 부작용이 많았다. 하지만 이 방법은 인도를 거쳐 터키에 전파되었는데 터키사람들은 이 방법을 인두법이라고 불렀다. 그 당시로서는 인두법외의 다른 방법이 없었기 때문에 천연두에 걸린 환자는 대체로 인두법으로 치료를 받았다.

1716년 터키에 살고 있던 영국 대사 몬테규는 인두법을 천연두에 걸린 자신의 아이들에게 사용하여 아무 탈 없이 천연두를 피하게 할 수 있었다. 이 일로 인두법은 영국 왕실이 인정하는 천연두 예방법이 되었다.

비록 인두법이 천연두로 죽는 사람을 10분의 1 정도로 줄이는 역할을 했지만 이 방법으로는 오히려 천연두가 사람을 통해 더 많은 사람들에게 퍼지는 문제가 발생했다. 그러므로 완전하게 천연두를 치료하고 천연두가 퍼지는 것도 막을 수 있는 새로운 치료법이 필요했다.

제너는 어릴 때부터 의사가 꿈이었다. 당시 의사가 되기 위해서는 13세부터 경험이 풍부한 의사 밑에서 수련을 받은 후에 의학 대학에 들어가 2년 정도 공부해야 했다. 제너는 소드베리라는 작은 마을에 사는 한 의사로부터 수련을 받고 훗날 런던의 성조지병원에서 의학공부를 했다.

의사가 된 제너는 좀 더 확실하게 천연두를 막을 수 있는 방법을 없을까 고민했다. 그러던 중 1776년 어느 날 농장에서 우유를 짜는 여자가 소드베리의 병원에 진찰을 받으러 왔다. 제너는 그녀와 천연두에 대한 이야기를 하다가 그녀로부터 소젖을 짜는 여자들은 천연두에 걸리지 않는다는 얘기를 듣게 되었다. 소젖을 짜는 여자들을 유심히 살펴본 결과 제너는 그들에게는 천연두로 생긴 곰보가 없다는 것을 알게 되었다.

제너는 왜 소젖을 짜는 사람들이 천연두에 잘 걸리지 않는 지 궁금했다. 그리고는 매일 소를 상대하는 이들이 우두(천연두와 비슷한 소의 피부병)에 걸리기 때문이라는 것을 알게 되었다. 이 들이 소 때문에 우두에 걸리긴 하지만 사람이 우두에 걸리면 가벼운 증상만 보이다가 금방 회복하게 되고 더 이상 우두나 천연두에 걸리지 않는다는 것을 알게 되었다. 그래서 제너는 이런 가설을 세우게 되었다.

우두에 걸린 사람은 천연두에 걸리지 않는다.

런던의 성조지병원에서의 공부를 마치고 1775년 제너는 의사 자격을 얻어 고향으로 돌아왔다. 제너는 사람들에게 소젖을 짜는 여자들이 천연두에 걸리지 않는다는 얘기를 들려주었다. 놀랍게도 많은 사람들이 이미 그 사실을 소문을 통해 알고 있었다. 하지만 제너는 혹시 자신의 가설이 틀릴지도 모른다는 생각 때문에 이 가설을 실험을 망설였다.

그렇게 세월이 흘러 1796년이 되었다. 물론 제너는 그때까지도 우두가 천연두를 막아줄 것이라는 믿음을 버리지 않았다. 제너는 더 이상 미룰 수 없어 스승인 존 헌터박사에게 제너의 고민을 털어놓았다. 그러자 존 헌터 박사는 '자네는 왜 생각을 실험으로 옮기지 않는가?'라고 나무라셨다. 박사님의 말에 제너는 용기를 내어 이 가설을 실험해 보기로 결심했다.

제너의 첫 번째 실험 대상은 62세의 존 필립이라는 허드렛일을 하며 살아가는 노인이었다. 그는 아홉 살 때 우두에 걸린 적이 있었다. 제너는 천연두 환자의 상처에서 뽑아낸 고름을 노인에 팔에 주사했다. 노인은 어깨가 조금 아프다는 얘기만 할 뿐 천연두의 증세를 나타내지 않았다.

제너는 이번에는 우두에 걸린 적이 없는 사람에게 우두를 접종한 뒤 천연두를 접종하는 실험을 해보기로 했다. 이 실험은 1796년 5월에 이루어졌는데 제너는 우두에 걸린 사라 넬무즈의 손에 난 수포에서 고름을 뽑아내 8살 소년인 제임스 핍스에게 접종했다. 제너는 소년의 팔에 작은 상처를 두 개 내고 그 상처에 넬무즈에게서 채취한 고름을 조금씩 묻혔다. 핍스는 가벼운 우두에 걸려 1주일 동안 열이 조금 나더니 곧 나았다.

그리고 6주 뒤인 7월 1일 제너는 용기를 내어 소년의 팔에 천연두를 접종했다. 만일 제너의 가설이 틀리다면 소년은 목숨을 잃을 지도 모르는 상황이었다. 그리고 제너는 매일 소년에게 일어제너는 일을 관찰했다. 다행히 소년에게 천연두의 증상은 전혀 나타나지 않았다. 이것은 바로 우두가 천연두를 막을 수 있는 면역 역할을 한다는 것을 발견한 것이었다. 제너는 우두가 천연두와 비슷하기 때문에 우두를 '소의 천연두'라고 불렀다.

하지만 핍스 소년의 경우는 예외적인 경우일 수도 있기 때문에 제너는 다시 한 번 실험을 하기로 했다. 2년 후 제너는 한 고아원에서 우두에 걸린 다섯 명의 아이에게 천연두를 접종해 보았다. 물론 아이들 모두 천연두의 증상이 나타나지 않았다. 그제야 제너는 우두의 접종이 천연두를 예방한다는 확신을 얻게 되었다. 즉 천연두를 예방하는 방법은 바로 우두를 접종하는 것인데 이것을 종두법이라고 부른다.

하지만 제너의 실험이 모두 성공한 것은 아니었다. 제너에게 우두 접종을 받은 어떤 사람은 접종 직후 접종한 부위가 붉게 변하더니 며칠 후 죽고 말았다. 그러나 이 환자는 우두나 천연두로 죽은 것이 아니라는 것이 곧 밝혀졌다.

제너는 우두 접종이 천연두를 예방할 수 있다는 실험 결과를 왕립학회에 논문으로 제출했다. 하지만 학회는 사람의 병이 소의 병과 관련 있다는 것은 말도 안 된다고 하며 제너의 논문을 인정해 주지 않았다. 즉 사람의 피 속에 동물이 가지고 있는 물질을 주입한다는 것은 매우 구역질 날 정도로 더러울 뿐 아니라 신에 대한 도전이라는 이유에서였다. 심지어 동료 의사들조차도 제너의 천연두 예방법에 반대를 하기 시작했다.

상황은 그 정도로만 끝난 것은 아니었다. 사람들 사이에서는 우두를 맞으면 머리에 소뿔이 자라는 등 사람이 소로 변한다는 말도 안 되는 소문도 돌기 시작했다. 제너는 비록 우두가 소로부터 채집된 것이라지만 사람의 병을 고치는 데 사용될 수 있다면 사용해야 한다는 생각을 굽히지 않았다.

하지만 제너는 천연두를 막을 수 있는 이 방법을 많은 사람들에게 알려야 한다는 생각에 자비로 논문을 출판하기로 결심했다. 그리고 돈이 없는 사람들에게 무료로 하루에 300회 정도 우두를 접종해주었다. 이러한 노력으로 천연두로 고생하는 사람들은 점점 줄어들게 되었다. 인류는 제너의 조그마한 노력덕분에 천연두의 공포로부터 완전하게 벗어날 수 있게 되었다.

QUIZ 02

미생물이 발효를 일으킨다는 것을 처음 알아낸 사람은?

ANSWER

02 파스퇴르

해설 파스퇴르는 1822년 프랑스 동부지역의 작은 마을에서 태어났다. 파스퇴르의 증조할아버지 때부터 동물의 생가죽을 사람이 쓸 만한 가죽으로 만드는 무두질을 했다. 그의 아버지도 무두장이로 일하셨지만 파스퇴르가 무두장이가 되는 것을 원치 않았다.

그래서 그는 1827년 새로 이사 온 아르브와에서 학교를 다녔다. 그가 학교를 다닌 당시에는 상급학교로 진학하기 매우 어려웠다. 공부를 그다지 잘하지 못한 그는 5년 만에 중등학교 교사를 양성하는 에콜 노르말에 입학할 수 있었다.

에콜 노르말에서 파스퇴르는 화학과 물리를 공부하고 실험하는 것을 가장 좋아했다. 그래서 물리교사 자격증을 받았지만 선생님을 하고 싶은 생각이 없었다. 결국 그는 발라르 교수의 실험실 조수로 일하게 되었다. 그가 선생님이 되길 원하셨던 아버지는 그의 꿈을 반대하셨지만 그가 1847년 화학과 물리학에서 박사학위를 받자 인정해주었다.

파스퇴르는 실험실에서 유기화학과 결정학이라는 새로운 두 학문에 빠졌다. 그래서 열심히 연구하고 실험하여 유명한 과학들이 풀지 못한 문제들을 풀어낼 수 있었다. 그 덕에 그는 1849년 스트라스부르대학 화학교수가 되었다.

1854년 릴 대학에 화학교수이자 이학부장으로 임명된 파스퇴르는 눈에 보이지 않는 생물을 연구하는 미생물학에 흥미를 느꼈다. 낮밤을 가리지 않고 연구한 끝에 1857년 우유가 시큼해지는 이유는 현미경으로만 보이는 아주 작은 생물의 활동에 의해서 발효가 되는 것이라는 논문을 냈다. 그 당시 과학자들은 미생물이 발효나 부패를 하는데 도와주는 역할을 할 뿐 직접 발효나 부패를 일으키지 않는다고 생각했다. 그래서 그가 낸 논문에 대해 논란이 많았다. 그는 우유를 시큼하게 만드는 젖산 이스트라는 세균을 찾아냈고 젖산 이스트로 실험한 끝에 젖산 이스트가 직접 우유를 시큼하게 만든다는 사실을 알아냈다. 그래서 그는 발효는 살아 있는 미생물이 살아가는 과정에서 발생한다고 주장했다. 그의 연구결과를 인정한 과학 아카데미는 1859년과 1861년에 그에게 두 차례나 상을 주었다.

그 후 파스퇴르는 계속 미생물에 대한 연구를 했다. 그러던 중 프랑스의 와인이 쉽게 변질되는 문제를 알게 되었다. 당시 프랑스는 포도로 만든 와인이 너무 빨리 상해버려서 고민이 많았다. 더군다나 1860년 영국과의 자유무역법을 성사시킨 탓에 와인이 상하는 것을 막는 일이 매우 시급했다. 그는 1863년부터 와인의 부패에 대해 연구하였고 1866년에 상한 와인은 불필요한 미생물 때문에 그런 것이라고 설명했다. 그래서 와인으로 만들어주는 미생물의 활동은 촉진시켜야 하지만 와인 맛을 변하게 하는 미생물은 없애거나 활동을 못하게 해야 한다고 했다. 그는 미생물을 약 55℃에서 가열하여 와인의 맛은 지키되 미생물은 눈에 띄게 줄어든다는 사실을 발견했다. 그 후 열처리 한 와인이 널리 퍼졌다.

그 후 정부와 과학아카데미의 의뢰로 와인뿐만 아니라 누에의 질병에 대해서도 연구했다. 프랑스는 중국에서 건너온 비단산업이 매우 발달하고 있었는데 비단을 만들려면 누에를 이용해야 했다. 그러나 1865년 누에에 전염병이 퍼지면서 비단산업에 차질이 생겼다. 누에의 전염병의 원인도 치료도 알 수 없었기에 모두들 발만 동동 구르고 있었다.

연구에 착수한 지 3년 만에 파스퇴르는 누에의 전염병을 일으키는 2가지 세균을 분리해 냈고 이 병들의 전염을 막고 질병에 걸린 누에를 찾아내는 방법을 발견했다.

파스퇴르가 미생물에 대해 연구를 하고 있을 때 당시 과학자들은 미생물은 어디에서 나타나는 지에 대해 관심이 많았다. 그 중 가장 큰 지지를 받고 있었던 건 살아있는 생물이 죽으면서 생긴 물질에서 생명체가 발생한다는 '자연발생설'이었다. 파스퇴르가 자연발생설이 맞는 것인지 확인하게 된 계기는 과학 아카데미에서 생물체의 발생과정을 밝혀내는 사람에게 상을 주겠다는 계획 때문이었다.

파스퇴르는 백조의 목처럼 생긴 긴 S자형 플라스크 안에 끓인 수프를 넣어 실험했다. 이 플라스크 안에는 먼지나 미생물은 들어갈 수 없지만 공기는 자유롭게 드나들 수 있었다. 플라스크 안의 수프에는 미생물이 발견되지 않았다. 그러나 먼지를 기울이자 수프 안에는 미생물로 가득했다.

이는 플라스크 안의 멸균된 공기 안에서도 수프에는 미생물이 생겨난다는 '자연발생설'과는 전혀 반대되는 결과였다. 그러자 그의 실험 결과에 반대하는 사람들은 수프를 끓였기 때문에 생명체를 생산할 물질을 없앴다고 주장했다. 그래서 그는 똑같은 플라스크에 개의 피와 오줌을 넣어두었는데 몇 달 동안 플라스크 안에는 아무 일도 일어나지 않았다. 결국 그는 '자연발생설'은 옳지 않은 것이라는 걸 증명했다.

19세기 중기의 유럽 의사들의 대부분은 질병은 우리 몸 내부의 불균형과 비위생적인 외부 환경이 결합하여 발생한다고 믿었다. 그러나 파스퇴르는 질병을 일으키는 것은 미생물이라고 주장하였기에 의사들은 그의 의견을 반대했다. 그러던 중 다벤과 코흐의 탄저병에 대한 실험을 접하게 되었다. 그는 코흐의 실험을 바탕으로 탄저병에 대해 연구했다. 그 결과 탄저균이 탄저병의 원인이자 매개체라는 사실을 밝혀냈다. 그러나 그의 이론은 의학 아카데미에서 강력하게 반대를 받았다. 특히 코흐는 자신이 탄저균을 밝혀낸 사람이라고 주장했다. 이렇게 많은 반대에도 불구하고 파스퇴르를 지지하는 의사들은 외과 수술에서 소독을 도입하여 세균감염에 따른 환자의 죽음을 막을 수 있었다. 그 후 파스퇴르는 면역으로 병을 예방하는 방법에 대해 연구했다. 어떤 병에 걸렸던 사람은 면역이 생겨 같은 병이 생기지 않는데 제너에 의해 천연두는 면역을 이용한 방법으로 이미 예방하고 있었다. 그는 천연두 외에 다른 병도 면역으로 예방할 수 있지 않을까 생각했다. 그래서 내가 이끄는 연구팀과 함께 닭 콜레라, 탄저병 백신을 개발할 수 있었다.

동물의 전염병을 연구하던 파스퇴르는 이제 인간의 전염병에 대해서도 연구하기로 했다. 그래서 그의 업적 중에 최고라고 일컬어지는 광견병 백신을 오랜 시간 수많은 시행착오를 겪고서 겨우 발명했다. 광견병 백신으로 인해 동물에게 물린 수많은 희생자들을 살릴 수 있었다.

백신개발로 인해 동물들과 사람들의 생명을 구해주는 구세주와 같은 사람이라고 칭송받은 파스퇴르는 파리로 몰려드는 수천 명의 희생자를 보살필 중앙시설이 필요하다고 제안하였고 이는 곧 파스퇴르 연구소의 건설계획으로 추진되었다. 연구소 설립을 위해 기부금을 모은다는 소문이 퍼지자 전 세계적으로 성금이 밀려들어왔다. 1888년 파스퇴르 연구소는 프랑스 대통령, 프랑스 아카데미 회원들, 수많은 의사, 과학자들이 참석한 가운데 화려한 개관식을 가졌다. 훗날 파스퇴르 연구소는 에이즈 바이러스를 최초로 분리해 내는 등 세계 최고의 미생물학 관련 연구소로 발전했다.

파스퇴르는 건강이 나빠졌지만 연구소의 소장을 맡으며 열심히 연구해 광견병 백신을 개발하였지만 여전히 광견병으로 죽어가는 사람들이 있었고 결핵 치료도 물거품이 되었다.

아직 풀지 못한 수많은 숙제들이 남아있었지만 파스퇴르는 더 이상 연구를 할 수 없었다. 1894년 겨울 그는 몸이 심하게 나빠져 석 달 동안 누워있어야만 했죠. 그는 1895년 4월 마지막으로 연구소 실험실에서 연구원이 분리해낸 페스트균을 현미경으로 관찰하였고 연구소의 별관에서 가족들과 시간을 보내다 9월 28일 세상을 떠났다.

QUIZ 03

페니실린을 발견한 사람은 누구인가?

ANSWER

03 플레밍

해설 영국 스코틀랜드에서 태어난 플레밍은 일곱 살 때 아버지가 돌아가시자 열세 살 때 런던으로 가서 안과의사인 형과 함께 살게 되었다. 그는 런던의 리전트 스트리트 종합 기술전문 학교에서 2년간 직업 전문 과정을 이수했다. 학교를 졸업한 후 그는 해운회사의 말단 사원으로 들어가 여객선의 항로를 관리하고 장부를 정리하는 일을 했다.

그 후 플레밍은 1900년에 런던 스코틀랜드 연대에 지원하여 군인이 되었고 제대 후 무엇을 할 것인가 방황하다가 의사인 형의 영향을 받아 의사가 되기로 결심했다. 그때 스무 살이었던 플레밍은 1년 동안 열심히 공부하여 1901년에 성 메리 병원 의과대학에 수석으로 입학했고 대학 시절 그는 해부학과 생리학을 특히 좋아했다.

1906년에 플레밍은 의과대학을 졸업하여 의사 자격증을 받았지만 좀 더 공부하고 싶어서 대학 접종과에 남아 조교로 일했다. 당시 접종과에는 알모스 라이트라는 훌륭한 과학자가 있었는데 그는 파스퇴르의 백신 연구에 자극을 받아 자신도 새로운 백신을 찾는 연구에 몰두했다.

1909년에 외과 의사 시험에 합격한 플레밍은 의사의 길 대신 라이트와 함께 연구를 계속했다. 1914년에 플레밍과 라이트와 몇몇 동료들은 왕립군사의무단에서 일했다. 그곳에서 그는 패혈증과 파상풍같이 세균에 감염되어 고생하는 환자를 보게 되었다.

당시에는 세균 감염으로 고생하는 환자들을 치료하는 방법이란 고작 감염된 부위를 절단하는 끔찍한 방법이 사용되고 있었다. 플레밍은 페놀, 붕산, 과산화수소수와 같은 화학 물질을 상처 부위에 발라 소독을 하여 세균을 죽이려고 해 보았지만 이 방법은 오히려 감염된 세균을 물리치는 백혈구 세포를 죽이기 때문에 그리 좋은 결과를 낳지 못했다. 그 후 많은 연구가들이 세균을 직접 죽여 질병을 치료하는 방법을 찾으려고 노력했고 그의 연구도 자연스럽게 그 방향으로 진행되었다.

플레밍은 천성이 게으르고 깔끔하지 못했다. 그래서 세균을 배양하는 페트리 접시를 잘 보관하지 않아 접시가 자주 오염되곤 했고 다 쓴 접시를 치우지 않아 실험실에는 수십 개의 접시들이 쌓여 있곤 했다. 그런데 그의 이런 게으른 습관이 20세기의 가장 중요한 의학 혁명을 가지고 왔다.

그는 포도상구균(공 모양으로 생긴 세균의 한 종류)을 연구하고 있었는데 이 세균은 포도송이처럼 동그란 공 모양의 세균이 모여 있어 그런 이름이 붙었다. 포도상구균은 사람의 몸속에 들어가면 피부병을 일으키는 해로운 세균인데 그가 어느 날 배양하던 포도상구균 접시에 푸른곰팡이가 피어 있는 것을 발견했다. 접시를 깨끗하게 관리하지 않았기 때문에 생긴 것이었다. 이렇게 세균을 배양하는 접시에 곰팡이가 피면 사용할 수 없기 때문에 그는 곰팡이가 핀 접시를 골라내기 시작했다. 그런데 놀라운 일이 벌어졌다. 푸른곰팡이가 핀 접시에서는 포도상구균이 보이지 않고 대신 곰팡이를 둘러싼 투명한 띠가 발견된 것이었다. 물론 곰팡이가 피지 않은 접시에서는 포도상구균이 잘 자라고 있었다.

플레밍은 푸른곰팡이에 포도상구균을 죽이는 어떤 물질이 들어 있을지도 모른다는 가설을 세웠다. 그는 이 사실을 다른 동료들에게 설명했지만 아무도 그의 가설에 관심을 두지 않았다. 하지만 플레밍은 자신의 가설을 믿었고 이렇게 포도상구균을 죽이는 푸른곰팡이에 들어 있는 항생 물질에 페니실린이라는 이름을 붙였다.

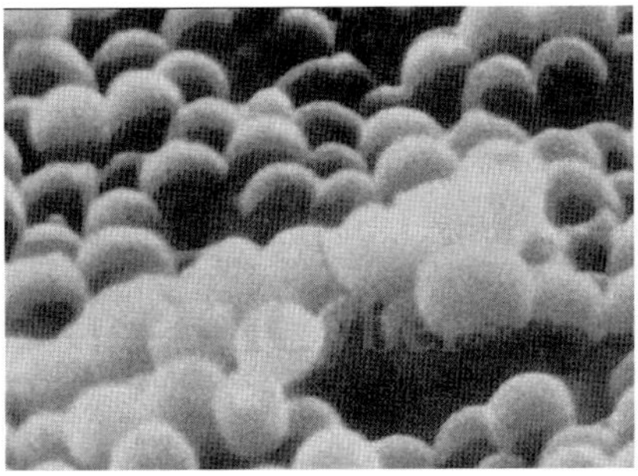

황색포도상구균

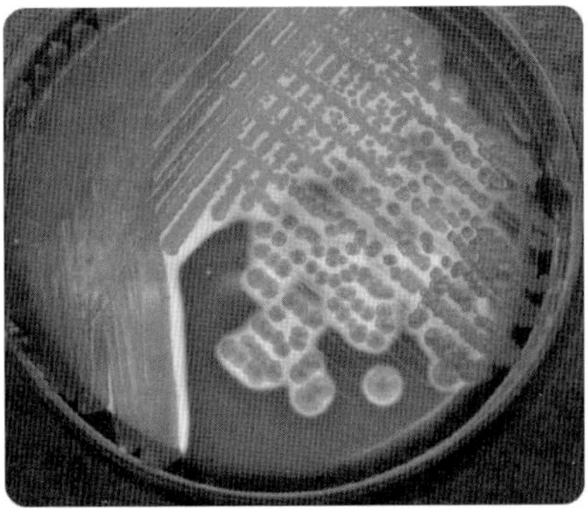

포도상구균

플레밍

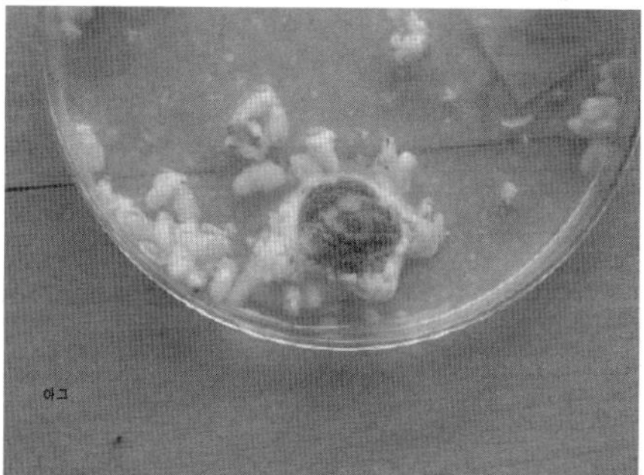

푸른곰팡이

플레밍은 푸른곰팡이로부터 더 많은 페니실린을 만들기 위해 실험실에서 일부러 푸른곰팡이를 배양했다. 이렇게 푸른곰팡이를 많이 길러낸 그는 푸른곰팡이가 핀 접시에 여러 가지의 세균을 접종했다. 그런데 어떤 세균들은 죽었고 어떤 세균들은 죽지 않았다. 그래서 그는 페니실린이 모든 세균을 죽이는 것이 아니라 어떤 특정한 세균들만 죽인다는 것을 알아냈다. 그 결과 페니실린이 폐렴, 매독, 임질, 디프테리아, 성홍열을 일으키는 세균을 죽일 수 있지만 장티푸스, 인플루엔자, 이질과 같은 세균은 죽이지 못한다는 것도 알게 되었다.
플레밍은 페니실린이 살아 있는 동물에게 어떤 영향을 주는지를 알아보기 위해 쥐와 토끼에게 페니실린을 주사해 보았다. 물론 실험 결과 토끼와 쥐는 아무 이상이 없었다. 이제 남은 문제는 푸른곰팡이로부터 충분한 양의 페니실린을 추출하고 이를 농축하여 임상실험을 하는 일이었다. 거듭되는 실험 실패와 사람들의 평가에 실망한 플레밍은 1932년부터는 페니실린 연구에서 손을 뗐다.
그러던 중 1940년에 옥스퍼드 대학에 근무하던 플로리와 체인이 푸른곰팡이에서 페니실린을 순수하게 분리하는 데 성공했다. 그들은 50마리의 쥐에게 치사량의 세균을 주입한 뒤 25마리의 쥐는 그대로 놔두고 25마리의 쥐에게는 페니실린을 주사했다. 결과는 페니실린을 맞은 쥐만 살아남았다. 이 소식을 들은 플레밍은 당장 옥스퍼드 대학으로 달려가 그들의 페니실린 분리를 축하해 주고 페니실린에 관한 많은 정보를 나누었다.

1942년, 플레밍의 형 램퍼트가 갑자기 뇌와 척수를 둘러싼 막에 세균이 감염되는 수막염을 앓아 죽어 가고 있었다. 의사들은 램퍼트에게 여러 약을 주사했지만 전혀 나을 기미가 없었다. 플레밍은 형의 척추로부터 척수액을 추출해 현미경으로 관찰한 결과 척수액 속에 독성 세균이 있다는 것을 알아냈다. 곧 옥스퍼드 대학의 플로리에게 페니실린을 보내 달라는 편지를 보냈고 플로리는 충분한 양의 페니실린을 보내 주었다. 그는 매일 세

시간 간격으로 페니실린을 형에게 주사했다. 이렇게 7주 동안 페니실린을 투여하자 형은 기적적으로 살아났다.

이렇게 페니실린이 세균에 감염된 부위를 치료할 수 있다는 사실이 알려지면서 페니실린은 전쟁 중 부상자의 치료에 많이 쓰이게 되었다. 그리고 옥스퍼드 대학의 연구팀과 미국 일리노이주의 농업연구소가 페니실린을 대량 추출하는 방법을 개발하면서 1944년에는 페니실린의 생산량이 급속히 증가했다.

1943년, 플레밍은 페니실린 발견에 대한 공로로 영국 왕립학회 회원이 되었고, 이듬해에는 영국왕으로부터 기사 작위를 받았다. 그리고 1945년에 플레밍과 플로리와 체인은 페니실린을 발견한 업적으로 노벨 생리의학상을 수상했다.

퀴즈 생물학의 역사

제 4 부

인체

QUIZ 01

식물의 3대 영양소인 탄수화물, 지방, 단백질의 중요성을 강조한 사람은?

해설 독일의 의사 루프너는 베를린 대학의 위생학자이다. 과묵하기로 소문난 그는 1884년 3대 영양소의 중요성을 강조했다. 그는 또한 많은 에너지는 피부 표면에서 증발로 손실된다는 것을 알아냈다. 루프너는 1894년 영양소의 대사에서 에너지가 보존되는 알아보았다. 그는 음식을 섭취한 개에서 발생하는 열과 같은 양의 음식을 태웠을 때 나오는 열과 개가 배설한 오줌과 대변을 태워 나오는 열을 조사해 음식이 몸속에 섭취되면 물질이 탈 때 공기 중의 산소와 결합하는 것처럼 음식물이 산화(산소와 결합)된다는 것을 알아냈다.

영양소 1그램이 몸속에서 산화될 때 탄수화물과 단백질은 각각 4킬로 칼로리의 열을 지방은 9킬로 칼로리의 열을 발생한다.

QUIZ 02

탄수화물은 단당류, 올리고 당류, 다당류로 나눌 수 있다. 올리고 당류와 다당류를 가수분해하면 단당류로 바뀐다는 것을 알아낸 사람은?

해설 일정성분비의 법칙을 발견한 프랑스의 화학자 프루스트는 식물 즙에서 최초로 포도당, 과당, 설탕을 분리했다.

ANSWER

02 루프너(1854 ~ 1932)

QUIZ 03

단백질을 구성하는 주요 아미노산은 20종류이다. 그중 최초로 발견된 것은 1806년 프랑스의 보클렝과 로비케가 발견한 아스파라긴이고 마지막으로 발견된 것은 1935년 로즈가 발견한 트레오닌이다. 이 중 사람에게 꼭 필요한 필수 아미노산이 존재한다는 것을 처음 알아낸 사람은?

해설 마지막 아미노산을 발견한 로즈는 미국 일리노이 대학에서 33년간 아미노산의 대사와 영양에 대해 연구했다. 그는 각각의 아미노산의 중요성을 알기 위해 쥐에 투입하는 실험을 했다. 그는 트레오닌 발견 이전에 발견된 19종의 아미노산을 쥐에 투여했지만 쥐의 무게가 줄어드는 것을 알고 새로운 아미노산이 있을 거라 여겼는데 그것이 바로 트레오닌이다.

로즈는 어떤 아미노산은 성장을 위해 필요하고 어떤 아미노산은 없으면 생명을 잃는다는 것을 알아냈다. 그는 생존에 필요한 아미노산은 필수아미노산이라고 불렀다.

로즈는 흰 쥐의 경우 필수아미노산은 히스티딘, 이소로이신, 로이신, 트레오닌, 리신, 메티오닌, 페닐 알라닌, 트립토판, 발린임을 알아냈다.

1942년 로즈는 사람의 필수 아미노산을 알기 위해 건장한 대학원생을 대상으로 실험해 이소로이신, 로이신, 트립토판, 리신, 메티오닌, 페닐 알라딘, 발린이 사람의 필수 아미노산임을 알아냈다.

ANSWER

03 로즈

QUIZ 04

지방은 산이나 알칼리에 의해 글리세롤과 지방산으로 나뉘어 진다는 것을 알안낸 사람은?

해설 프랑스의 슈브룉은 외과의사의 아들로 태어나 처음에는 의학을 공부하다가 1803년 화학을 공부해 1813년 화학 교수가 되었다. 1823년 슈브룉은 지방을 산이나 알칼리로 가수분해시켜 글리세롤과 지방산을 얻는데 성공했다, 그는 분리한 지방산의 녹는점을 비교해 지방산에는 딱딱한 형태의 마가린과 액체에 가까운 올레인의 두 종류가 있다는 것을 알아냈다.

1840년대 프랑스의 뒤마는 동물성 지방이 동물이 섭취한 식물성 지방 성분이 산화되어 만들어진다고 생각했다. 그는 이 이론에 대한 근거로 식물성 기름을 사료에 섞어 먹인 암소가 그렇지 않은 암소보다 버터를 더 많이 생산한다는 점을 들었다.

하지만 1842년 독일의 리비히는 뒤마의 이론을 반박했다. 리비히는 지방은 산화로 생기는 것이 아니라 탄수화물에서 산소가 빠져나가는 반응인 환원반응에 의해서도 만들어질 수 있다고 주장했다. 리비히는 지방이 전혀 없는 사료를 먹인 암소도 우유를 생산할 수 있다는 점을 그 근거로 제시했다.

뒤마는 다시 리비히의 이론을 반박하기 위해 꿀벌실험을 수행했다. 그는 꿀로 키운 꿀벌과 꿀을 먹이지 않은 꿀벌의 추출물 속의 왁스의 양을 조사했다. 실험 결과는 꿀을 먹인 꿀벌이 더 많은 왁스를 생산했다.

ANSWER

04 슈르룉(1786 ~ 1889)

아이러니컬하게도 뒤마는 꿀이라는 탄수화물이 지방을 생산할 수 있다는 리비히의 이론이 옳음을 입증한 셈이었다.

QUIZ 05

영양소는 크기가 작아지고 물에 녹는 형태로 몸 속에 흡수되는 데 이것을 소화라고 한다. 위속의 위액이 음식물을 소화시킨다는 것을 처음 알아낸 사람은?

해설 프랑스의 레오뮈르는 1752년 관을 이용해 음식물을 새의 위로 직접 보냈다. 얼마 후 그는 관안의 음식물이 모두 녹아 있는 것을 발견하고 위속의 위액이 음식물의 화학적 소화를 일으킨다는 것을 알아냈다.

그 후 1789년 이탈리아의 스팔란자니는 레오뮈르와 같은 방법으로 위액을 추출해 관에 넣고 음식물과 섞었다. 그는 금속관은 겨드랑이에 끼고 이삼일 돌아다닌 후 음식물이 완전히 소화되었음을 확인했다.

QUIZ 06

위속에서 음식물에 따라 소화 속도가 다르고 채소가 육류보다 소화속도가 느리다는 것을 처음 알아낸 사람은?

ANSWER

05 레오뮈르(1683 ~ 1757)　06 버몬트(1785 ~ 1853)

해설 미국의 의사인 버몬트가 군의로 일하던 시절인 1822년 세인트 마틴이라는 뱃사공이 총상을 입어 위의 일부가 손상되었다. 버몬트는 그를 열심히 치료했지만 위가 잘 봉합되지 않았다. 더 이상 사공일을 할 수 없게된 세인트 마틴은 버몬트의 하인이 되었는데 이때부터 버몬트는 세인트 마틴의 위를 이용해 소화속도에 대한 연구를 했다.

버몬트는 실 끝에 음식물을 매달아 세인트 마틴의 구멍난 위속에 넣고 일정 시간 경과후 얼마나 소화가 되었는지를 체크하는 실험을 통해 음식물에 따라 소화속도가 다르고 채소가 느리게 소화되고 화를 내면 소화가 잘 되지 않는다는 것을 알아냈다.

QUIZ 07

온 몸으로 림프를 운반하는 혈관을 발견한 사람은?

해설 림프는 투명하고 노란 액체로 몸속으로 특정 물질을 운반하는데 중요한 역할을 하는 데 코펜하겐 대학의 바르콜린이 림프를 온몸으로 운반하는 혈관을 발견했다.

QUIZ 08

위에서 소화가 되는 과정을 처음 알아낸 사람은?

ANSWER

07 바르콜린 08 파블로프

해설 파블로프는 1849년 9월 26일 중앙 러시아의 랴잔이라는 곳에서 태어났다. 파블로프의 집은 대대로 성직자였고 첫째였던 그도 성직자가 되기 위해 11세 때 랴잔 신학교에 입학했다. 그 곳에서 그는 음악을 제외하고 모든 과목에서 최우수 학생이었다. 파블로프는 1864년에 신학교를 졸업하고 랴잔 신학대학교에 입학했다. 그의 아버지는 그가 가문에서 교회에 봉사할 최초의 사람이 될 것이라고 굳게 믿고 있었다.

그 당시 러시아에서는 나라를 발전시키는 데 과학이 필요하다고 생각하여 예전보다 훨씬 더 많은 돈을 과학에 투자했다. 그러나 신학대학교에서 신앙에 영향을 줄 수 있는 과학책을 읽는 것을 금지했다. 하지만 그는 뜻이 맞는 여러 친구들과 모임을 만들어 새벽에 도서관에서 몰래 금지된 책을 읽고 토론했다. 그는 책을 읽고 토론을 하면서 생리학을 좋아하기 시작했다. 그래서 성직자가 되지 않고 상트페테르부르크 대학교에 들어가기로 결심했다. 그가 성직자가 되길 바랐던 아버지는 격분했고 결국 그와 부자의 인연을 끊기에 이르렀다.

상트페테르부르크 대학에는 매우 훌륭한 과학자가 많이 있었다. 원소 주기율표를 만든 멘델레예프, 러시아 식물학의 아버지라고 불렸던 안드레이 베케토프 등이 있었다. 파블로프는 동물 생리학을 공부했다. 그러던 중 그보다 고작 6살이 많은 치온 교수를 만났다.

치온 교수는 생체 해부를 통해 동물의 기관을 연구하고 있었다. 그래서 사람을 많이 닮은 토끼나 개, 고양이 등 포유류를 대상으로 학생들에게 해부하여 보여주었다. 물론 이렇게 해부를 하려면 수술 기술이 좋아야 했다. 파블로프는 치온 교수 가까이서 수술 기술을 배웠고 저녁 대부분을 치온 교수의 작은 실험실에서 생체 해부를 하며 보냈다. 그 곳에서 소화 기관과 심장에 대해 연구했다. 그 결과 대학을 졸업하기도 전에 실험 결과를 학회에 발표했다. 그 중에는 대회에서 상을 받을 만한 결과도 있었다. 그는 비로소 생리학자가 될 것이라고 굳게 결심했다. 그래서 치온 교수가 있는 의과 대학인 상트페테르부르크 군의사관학교에 진학했지만 치온 교수는 그를 싫어하는 무리들 때문에 학교에서 쫓겨나게 되어버리게 되는 불상사가 발생했다. 결국 그는 의대를 졸업하고도 지도해 줄 좋은 스승도 없이 혼자 고급의학을 공부했다.

파블로프의 아내인 세라피마와는 1879년 친구의 소개로 처음 만났다. 세라피마는 작가 도스토예프스키의 친구로 지적이고 매력적이었다. 파블로프는 1881년 세라피아와 결혼했지만 가난 때문에 멀리 떨어져 지내야만 했다. 가난 때문에 첫 아들은 병에 걸렸고 결국 세라피마는 언니가 사는 시골에 내려가 살았지만 첫 아들을 잃고 말았다. 그 후 세라피마는 열정적으로 교회에 나가 기도를 하였고 파블로프는 연구에 몰두했다.
파블로프는 1890년 임피리얼 의학 아카데미의 생리학교수가 되었다. 그리고 1891년 알렉산드로 올덴부르크스키 왕자가 세운 실험의학연구소의 우두머리가 되었다. 실험의학연구소는 그가 연구에 몰두하기에 정말 좋은 장소였다. 많은 사람들이 나와 함께 연구에 참여하기를 원했기 때문에 혼자서 연구하는 것 보다 훨씬 좋았다. 토론시간을 정하여 각자의 실험이나 아이디어를 발표하여 모두가 공유할 수 있게 하였다. 1891년과 1904년 사이 실험실을 거쳐 간 공동연구자만 해도 100명이 넘었다.
그러던 중 1893년 노벨은 생리학의 발전에 힘써 달라는 의미에서 연구소에 어마어마한 돈을 기부했다. 그의 뜻에 따라 지하가 있는 지상 2층의 실험실을 세웠다. 파블로프는 특히 2층에 있는 '특별 수술실을 갖춘 생리학 실험실'이 마음에 들었어다. 그는 개를 이용하여 소화계를 연구했다. 개는 사람의 소화계와 닮은 포유동물이었고 다른 포유동물보다 순하고 생명력도 강한 편이었다. 여기서 그는 여러 번의 실패 끝에 공동 연구자들과 함께 위의 소화 과정을 연구할 수 있도록 수술을 통해 식도와 위를 분리할 수 있었다.
위액은 어떻게 나오는 것일까? 물론 위액은 음식을 소화하기 위해서 나오는 것이지만 음식이 위에 들어왔을 때만 분비되는 것일까? 아니면 먹고 싶다는 생각만으로 위액이 분비될 수 있는 것일까? 파블로프는 이런 궁금증을 해결하기 위해 두 종류의 개로 여러 가지 실험을 수행했다. 1894년부터 1897년까지 3년 동안 나와 동료들은 개에게 여러 가지 먹이를 먹인 후 위액을 수집하고 양과 농도를 분석했다. 이 실험은 보통 10시간까지 걸리는 매우 긴 실험이었다. 이렇게 두 종류의 개의 위액을 받아내어 그래프를 그려 분석했다. 여러 가지 오차를 생각하면 별반 다를 게 없었던 결과지만 파블로프는 오차를 새롭게 생각했다. 그 결과 소화계는 매우 복잡한 데 소화액은 단지 음식의 양 뿐만 아니라 동물의 특징, 기분 변화, 좋아하는 먹이와 싫어하는 먹이에 따라 소화액이 달라진다고 생각했다. 결국 소화계는 정신의 영향을 받는다는 결론을 내렸다.

파블로프가 내린 결론은 '조건 반사'이다. 조건반사란 자신도 모르게 반사작용을 일으키는 무조건 반사와는 달리 경험에 의해 얻게 된 후천적 반사작용이다. 파블로프의 조건반사 실험은 흔히 개에게 먹이를 줄 때 종소리를 매번 들려주다 어느 날 종소리만 냈을 때 개가 침을 흘리는 경우로 많이 설명된다. 반면 무조건 반사는 날아오는 공을 보고 자신도 모르게 눈을 감는 행동 등으로 설명할 수 있다.

조건반사의 발견으로 파블로프는 1904년 노벨 생리의학상을 받는 최초의 생리학자가 되었다. 그리고 아내와 함께 스웨덴으로 가서 위대한 명예를 받았다. 노벨상은 그에게 여러 가지를 안겨주었다. 그는 세계과학협회 회원으로 선출되었고 1907년에는 고위급 러시아과학원 회원이 되었다. 세계 각국에서는 그와 함께 연구를 하고 싶다는 사람이 늘어났고 그가 맡은 연구소만 세 곳이 더 있었다. 그는 연구소를 돌아다니며 끊임없이 연구했다. 1935년 파블로프는 85세의 나이로 제 15차 국제생리학자회의의 주역이 되었다. 회의에 참석하기 위해 37개 나라에서 900여 명의 생리학자들과 500여 명의 러시아 과학자들이 모였다.
회의가 끝난 후 파블로프는 평소대로 연구를 하며 지냈다. 회의 직전에 폐렴 발작이 일어나 건강이 많이 나빠졌지만 빡빡한 일정을 계속 진행하다가 결국 1936년 2월 27일에 두번째 폐렴 발작 후에 86세의 나이로 세상을 떠났다.

QUIZ 09

입, 위, 소장, 대장에서의 소화과정에 대해 설명하라.

해설 우리가 먹는 음식물은 알갱이가 커서 그대로는 몸에 흡수되지 않아 잘게 나누어져야 하는데 그 과정을 소화라고 한다. 소화에는 다음과 같이 두 종류가 있다.

- 기계적 소화 : 힘으로 음식물을 잘게 쪼개는 것
- 화학적 소화 : 소화 효소에 의해 음식물이 잘게 부수어지는 것

입안에서의 소화과정을 좀더 알아보자. 음식물이 입으로 들어오면 우선 이가 공격을 한다. 이의 공격으로 음식물은 잘게 부

서진다. 그 다음 침이 공격을 한다. 침은 침샘에서 만들어지는데 입안에는 귀밑샘, 턱밑샘, 혀밑샘이 있다. 하루에 나오는 침은 약 1리터 정도이다. 하지만 먹은 음식물이 침으로 모두 잘게 부숴지는 건 아니다. 침 속에는 특히 탄수화물을 잘 분해하는 아밀라제라는 소화효소가 있다. 침의 공격을 받은 탄수화물은 분해되어 작은 포도당이 된다.

그럼 다른 영양소들은 어디에서 잘게 부숴질까? 대부분의 영양소들은 위나 작은창자에서 잘게 부숴진다.

입을 떠난 음식물은 식도를 통해 위로 간다. 식도의 길이는 보통 25센티미터 정도이다. 식도에서 음식물이 내려가는 모습은 치약을 짜내는 것과 비슷하다. 그러니까 위쪽부터 차례로 오므라들었다 늘었다 하는 연동운동에 의해 음식물이 아래로 아래로 내려가서 위에 도착한다.

위는 윗 부분이 크고 아래 부분이 작은 자루 모양의 소화 기관으로 크기는 자신의 신발 크기와 비슷하다. 위에는 어른의 경우 약 4리터 정도의 음식물을 저장할 수 있다.

위벽에는 많은 주름이 있고, 주름 사이에 위액을 분비하는 위샘이 있다. 위액은 위산과 소화효소로 이루어져 있다. 위산은 하루에 약 2리터 정도 나온다. 위액 속에는 펩신이라는 소화효소가 있어 단백질을 잘게 부숴 펩톤으로 만드는 역할을 한다.

작은창자의 길이는 7미터 정도로 우리 몸에서 제일 길다.

작은창자는 음식물의 대부분이 소화되는 아주 중요한 장소이다. 작은창자가 시작되는 곳을 십이지장이라고 하는 데 길이는 30센티미터 정도이다. 십이지장에는 이자에 만들어지는 이자액과 간에서 만들어지고 쓸개에 저장되어 있던 쓸개즙, 그리고 작은창자의 벽에 있는 장샘에서 만들어지는 장액이 있다.

- 이자액 : 지방을 잘게 부수는 리파아제라는 소화효소와 단백질을 잘게 부수는 트립신이라는 소화효소가 들어 있다.
- 쓸개즙 : 소화효소는 들어 있지 않지만 지방의 소화를 도와준다.
- 장액 : 단백질을 분해하는 펩티타아제라는 소화효소가 들어 있다.

작은창자는 다음과 같은 운동을 한다.

- 혼합운동 : 작은창자안의 음식물들을 잘 섞어준다.
- 연동운동 : 작은창자 안의 음식물을 아래로 내려보낸다.

작은 창자는 잘게 탄수화물, 지방, 단백질이 잘게 부수어져 만들어진 영양소들과 비타민, 무기염류등을 물과 함께 흡수한다. 작은창자의 벽은 주름투성이이고 융털로 뒤덮여 있어 영양소를 보다 많이 흡수할 수 있게 되어 있다.

이자는 췌장이라고도 부른다. 이자는 이자액을 만드는데 이자액에는 단백질, 탄수화물, 지방을 잘게 부수는 소화효소가 들어 있다.

또한 이자에서는 인슐린과 글리코겐이라는 두 종류의 중요한 호르몬을 만든다. 이 호르몬은 사람의 근육에 들어가는 당의 양을 조절한다. 그러니까 인슐린이 부족하면 당뇨병에 걸리게 된다.

간은 무게가 약 1.5킬로그램 정도로 우리 몸의 장기 중 가장 크다. 간은 오른쪽 갈비뼈 안쪽에 있어 갈비뼈에 의해 보호를 받고 있다. 간의 바로 밑에는 담낭(쓸개)이 있어 간에서 만들어진 쓸개즙을 저장하는 창고의 역할을 한다.

간은 사람 몸의 화학공장과 같다. 우리 몸에 필요한 단백질과 영양소를 만들고 저장하며, 몸에 해로운 여러 가지 물질들을 해독하는 기능을 한다. 혈액 속에는 우리 몸에 중요한 역할을 하는 여러 가지 단백질들이 있다. 이중 약 90%는 간에서 만들어 진다. 또한 우리 몸에 들어온 각종 약물과 해로운 물질은 간에서 해가 적은 물질로 바뀌어 소변을 통해 통해 배설된다.

큰창자는 작은창자보다 굵지만 길이는 1미터 50센티정도로 작은 창자보다 짧다. 보통 맹장에서 항문까지를 큰 창자라고 하는데 큰 창자는 맹장, 결장, 직장으로 구분할 수 있다.

- 맹장 : 충수라고도 부르는데 길이는 5센티미터 정도이고 끝은 막혀 있다. 맹장이 세균에 감염되면 부풀어올라 터지는데 이것을 맹장염이라고 한다. 이때는 맹장을 떼어 내는 수술을 해야한다.
- 결장 : 큰 창자의 대부분을 차지한다. 그러니까 결장은 대변이 보관되어 있는 터널이라고 생각하면 된다.
- 직장 : 큰 창자의 마지막부분으로 항문과 연결되어 있다. 큰 창자에서는 물이 흡수되고 남은 찌꺼기는 대변이 되어 큰창자의 연동운동에 의해 항문을 통해 밖으로 나간다.

QUIZ 10

근육이 수축하거나 회복할 때 열이 발생한다는 것을 처음 알아낸 사람은?

해설 영국의 힐은 근육의 활동과 열에 대한 관계를 연구했다. 그는 아주 작은 열을 측정할 수 있는 장치를 만들어 근육이 수축하거나 회복될 때 열이 발생함을 알아냈다.

ANSWER

10 힐(1886 ~ 1977)

그는 근육이 수축될 때는 젖산이 만들어지면서 열이 발생하고 근육이 회복될 때는 젖산을 소비함으로써 발생한다는 것을 알아냈다. 그는 산소의 흡수가 근육이 수축할 때는 필요가 없고 근육이 회복할 때 필요하다는 것을 알아냈다.

그 후 독일의 마이어호프는 근육의 수축에 의해 생긴 젖산이 탄수화물로 재합성된다는 것을 알아냈다. 그는 근육을 수축시키는 에너지는 글리코겐의 분해에 의해 생긴 포도당의 분해에 의해 생성되고 그 결과로 생긴 젖산은 근육이 회복될 때 다시 포도당으로 변환되어 글리코겐으로 바뀌어 저장된다는 것을 알아냈다.

사람이 섭취한 탄수화물은 소화과정을 거쳐 포도당, 과당, 갈락토스 등으로 바뀐다. 이 당류는 글리코겐으로 바뀌어 간에 저장되어 있다가 에너지를 사용하게 될 때 젖산으로 바뀌어 에너지를 공급한다. 이 과정에서 남은 젖산은 혈액을 통해 간으로 이동해 포도당으로 바뀌게 된다.

QUIZ 11

신경계가 섬유로 뭉쳐 있다는 것을 처음 알아낸 사람은?

해설 1665년 말피기가 발견했다.

ANSWER

11 말피기

QUIZ 12

척수신경이 감각과 운동기능을 가지고 있다는 것을 처음 알아낸 사람은?

해설 벨은 스코틀랜드 영국 교회의 목사 아들로 태어나 에든버러 대학에서 의학을 공부했다. 그는 신경이 신경섬유를 통해 전달되며 각각의 신경섬유는 운동 또는 감각 둘 중 하나만을 일으킨다는 것을 알아냈다.

QUIZ 13

신경세포를 발견한 사람은?

해설 신경섬유의 자세한 구조는 현미경에 의해 밝혀졌다. 1837년 스위스의 발렌틴은 신경섬유 속에서 세포체와 세포핵을 발견했다. 그 후 체코의 푸르키네는 대뇌 피질의 신경섬유를 관찰해 세포핵 근처의 긴 섬유 돌기를 발견했다.

그 후 1863년 완벽한 신경세포의 관찰은 디이터스에 의해 이루어졌다. 디이터스는 크롬산과 카민을 이용해 신경조직을 연구했다. 그는 신경세포체에 붙은 두 종류의 돌기를 발견했다. 하나는 나무 가지처럼 짧은 돌기로 1889년 히스가 수상돌기라 명명했고, 다른 하나는 긴 섬유모양의 돌기로 1891년 발데여가 뉴런이라고 불렀다.

ANSWER

12 벨(1774 ~ 1842) 13 디이터스

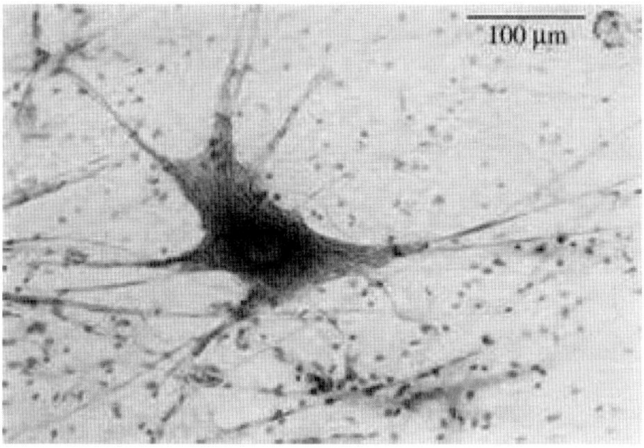

QUIZ 14

1897년 셰링턴은 신경 홍분의 전달과 관련해 이것을 정의했다. 이것은 신경세포와 근세포, 샘세포 등 목표세포가 서로 교통하는 부위이다. 즉, 이것은 신경 홍분이 목표부위에 도달하기 까지 신경세포들이 교통하는 부위이다. 신경 홍분이 전달되면 신경말단에서 신경전달물질이 분비되고 이것을 건너뛰어 목표 세포의 수용체와 결합해 근육운동을 하게한다. 이것은 무엇인가?

ANSWER

14 시냅스

QUIZ 15

중추신경계와 말초신경계의 차이를 설명하라.

해설 신경계는 신체 내부나 외부에서 들어온 자극을 감각기관으로부터 받아서 중추로 보내고 중추는 근육, 분비선등에 명령하여 자극에 대한 반응을 하게 하는 역할을 하는 기관을 통틀어 말한다. 신경계는 뉴런이라는 신경세포로 우리 몸 구석구석 연결되어 있다. 뉴런은 다른 세포들과는 달리 정보 전달을 잘 할 수 있도록 생겼다. 신경계는 크게 중추신경계와 말초신경계로 나뉘는데 각각의 신경계는 위치와 역할에 따라 다시 여러 가지로 나뉜다.

중추신경계는 감각기관으로부터 들어온 모든 정보를 모아서 어떻게 반응하면 좋은지 판단을 내리는 곳으로써 크게 뇌와 척수가 있다.

뇌는 대뇌, 소뇌, 간뇌, 중뇌, 연수로 이루어져 있다. 대뇌는 감각과 운동의 중추이고 기억이나 판단 등 정신활동을 하는 곳이다. 소뇌는 대뇌와 함께 운동을 담당하고 몸의 균형을 잡을 수 있게 해주는 곳이다.

간뇌, 중뇌, 연수는 다른 말로 뇌간이라고도 하는데 뇌간을 다치면 목숨을 잃을 만큼 매우 중요한 기관이다. 왜냐하면 뇌간은 심장을 뛰게 하고 피가 흐르게 하며 소화기관에서 소화를 하고 모든 반사작용을 담당하는 곳이기 때문이다.

척수는 척추 안의 신경으로써 뇌와 온 몸의 신경계를 연결해주는 역할을 한다. 즉, 말초신경계에서 받은 자극을 뇌로 올려 보내주고 뇌에서 받은 명령을 말초신경계로 전달한다. 하지만 척수는 단순히 신호를 전달해주는 역할만 하는 것이 아니라 무릎

반사나 땀 분비, 갓난아이의 배변, 배뇨를 담당하기도 한다.

말초신경계는 온 몸의 조직이나 기관에 퍼져있는 신경을 말한다. 척수를 통해 중추신경계와 연결되어 있다. 말초신경계는 크게 체성신경계와 자율신경계가 있다.

체성신경계는 감각기관과 운동기관에 연결되어 있는 신경계이다. 체성신경계는 대뇌의 명령을 받는 신경계이기 때문에 우리의 의지대로 활동할 수 있다. 체성신경계에는 뇌에서 직접 갈라져 나온 뇌신경과 척수와 몸의 각 부분을 연결하는 척추신경으로 나눌 수 있다.

자율신경계는 대뇌의 영향을 받지 않고 자율적으로 조절하는 신경계이다. 이것은 각종 내장과 혈관에 분포되어 있어 생명 유지에 필수적인 기능을 맡고 있다. 자율신경계에는 교감신경과 부교감신경이 있는데 이 둘은 한 쪽이 활발해지면 한 쪽은 잠잠해져 우리 몸을 조절하는데 이를 길항작용이라고 부른다.

QUIZ 16

베버의 법칙이란 무엇인가?

해설 독일의 생리학자 베버(1795~1878)는 물리적 자극의 성질과 자극에 대응하는 심리적 경험 사이의 관계를 알려주는 베버의 법칙을 발표했다. 이 법칙은 어떤 특이한 감각계에서 차이를 지각하기 위해서는 더해 주어야하는 자극을 원래의 자극으로 나눈 값은 일정하다는 뜻이다. 예를 들어 2킬로그램의 무게에 0.2킬로그램을 추가할 때 더 무거워졌다는 것을 지각할 수 있다면 5킬로그램의 무게의 경우는 0.5킬로그램이 더해졌을 때 더 무거워졌다는 걸 느낄 수 있게 된다.

QUIZ 17

수정체가 상을 망막에 맺히게 한다는 것을 처음 알아낸 사람은?

해설 케플러가 이 사실을 알아낸 후 이것을 실험한 사람은 데카르트이다. 그는 황소의 눈을 떼낸 다음 눈의 뒤를 벗겨 내 투명하게 했다. 그는 황소의 눈을 창문 가로대 위에 놓고 황소가 창밖을 보는 것처럼 하였다. 그는 황소의 눈 뒤쪽에서 밖으로 바라보았을 때 물체가 거꾸로 뒤집혀 보이는 것을 발견하고 물체의 상이 황소의 망막에 맺힌다는 것을 알아냈다.

ANSWER

17 케플러

QUIZ **18**

눈으로 물체를 보는 과정을 설명하라.

해설 눈이 받아들이는 자극은 '빛'이다. 우리가 물체를 볼 수 있는 것도 물체에 반사된 빛이 눈에 들어오기 때문이다. 우리의 눈을 흉내 내서 만든 것이 카메라이다.

예로 꽃을 본다고 해보자. 꽃에서 반사된 빛은 각막을 통과하여 수정체로 간다. 수정체는 카메라의 렌즈와 같은 역할로 빛을 굴절시켜 망막에 상이 맺히게 해준다. 이때 빛이 강하면 동공을 작게 빛이 적으면 동공을 크게 하는데 동공을 조절하는 것은 홍체이다.

빛은 수정체를 통과하여 투명한 액체로 가득 차 눈의 형태를 유지하는 유리체를 지나 카메라의 필름과 같은 망막에 상이 맺힌다. 망막에는 시세포가 있어 상이 맺힌 빛을 감지하고 그 자극을 시신경을 통해 대뇌로 보내게 되고 대뇌에서는 꽃을 본다고 인지하게 된다.

QUIZ **19**

1830년대 독일의 몇몇 과학자가 현미경으로 망막을 관찰하던 중 망막에서 간상체(간상세포)와 원추체(원추세포)를 발견했다. 1866년 이 사람은 두 세포가 빛에 민감하다는 것을 알아냈다. 이 사람은 누구인가?

ANSWER

19 슐체

해설 독일의 슐체는 간상세포와 원추세포를 연구하던 중 원추세포는 색의 수용체이고 간상세포는 약한 빛에 민감하다는 것을 알아냈다. 간상세포와 원추세포의 분자는 색을 띠기 때문에 시각색소라고 부른다. 생물학자들은 개구리의 망막을 잘라내고 약한 빛을 쪼였을 때 망막의 색이 변하는 것을 목격하고 망막의 색소를 로돕신이라고 불렀다.

QUIZ 20

우리가 귀로 소리를 듣는 과정을 설명하라.

해설 귀는 소리를 듣는 기관입이다. 소리는 음파라는 파동이다. 사람이 들을 수 있는 소리의 주파수는 16~2,0000Hz이다.

소리를 듣는 과정에 대한 과학적 연구는 주로 물리학자들에 의해 이루어졌다. 옴의 법칙으로 유명한 옴은 청각신호가 귀에 들어오면 다양한 진동수의 파동으로 분석된다고 주장했다.

귀는 소리뿐만 아니라 귀 안팎의 압력 조절, 몸의 평형조절을 한다. 귀는 고막 바깥을 외이, 고막과 청소골, 유스타키오관이 있는 곳을 중이, 달팽이관, 전정기관, 세반고리관이 있는 곳을 내이라고 한다. 소리를 듣는 곳은 고막, 청소골, 달팽이관이고 평형감각은 세반고리관과 전정기관, 귀 내의 압력을 조절하는 곳은 유스타키오관이다.

QUIZ 21

코가 냄새를 맡는 과정을 설명하라.

해설 세상의 모든 냄새를 맡는 코, 코는 여러 감각기관 중에서 가장 예민해서 쉽게 지치는 기관이다. 한 예로 화장실에 들어갔을 때 악취로 고통스럽다가도 금세 악취가 안 나는 것 같이 느낀다. 우리의 코는 보통 4000~10000가지 정도의 냄새를 구별할 수 있다고. 일반적으로 여자가 남자보다 후각이 더 정확하고 나이가 들수록 약한 냄새는 더 맡기 힘들어진다.

우리는 흔히 냄새를 잘 맡는 사람을 '개 코'라고 하는데 개는 얼마나 냄새를 잘 맡을까? 개가 냄새를 맡는 능력은 사람보다 무려 1백만 배 높다. 그 이유는 사람보다 냄새를 감지할 수 있는 후세포가 월등히 많기 때문이다.

코는 단순히 냄새를 맡는 것이 아니다. 사람의 감정에 가장 영향을 많이 끼치는 것도 후각이고 음식을 맛있다고 느낄 수 있는 것도 다 후각 덕이다.

QUIZ 22

혀를 통해 맛을 느끼는 과정을 설명하라.

해설 혀는 약 10cm의 근육으로 되어 있는 맛을 감지하는 기관이다. 소화기관의 가장 앞에 있어서 맛을 느끼고 이것을 먹을 것인지 안 먹을 것인지 판단하는 기준이 된다. 그래서 우리는 맛있는 음식을 계속 먹게 되고 맛이 이상한 음식이나 상한 음식은 입에 넣다가 뱉어버린다.

혀는 맛을 느끼는 것 외에 음식물과 침이 잘 섞여 목구멍으로 밀어 넣어주는 역할을 하고 말을 할 때 발음을 하는데 중요한 역학을 한다. 만약 혀가 없다면 우리는 음식 먹기도 힘들었고 말하기도 힘들게 된다.

QUIZ 23

통증 자극이 가해지는 피부에서 그것을 느끼는 뇌까지 직접적인 채널이 있다는 것을 처음 알아낸 사람은?

QUIZ 24

피부에 각 감각에 예민한 부위를 피부수용체라고 부른다. 이 사람은 피부에 냉점, 온점, 통점, 촉점의 네 종류의 통증 수용체를 발견했다. 이 사람은 누구인가?

해설 1890년 독일의 의사 프라이는 피부에서 추위에 민감한 부분과 더위에 민감한 부분을 발견해 각각 온점과 냉점이라고 불렀다. 그 후 그는 통점과 촉점을 발견했고 훗날 압점이 발견되어 피부의 감각점은 다섯 종류가 되었다.

프라이는 각 감각에 예민한 부위를 피부수용체라고 명명하고 말단 기관에 존재하는 다양한 수용체들이 자극을 구별해 감각을 만든다고 생각했다.

사람의 피부는 접촉이나 압력, 화학물질, 온도변화 등을 느끼는 등 여러 가지 일을 한다. 피부에는 촉각을 느끼는 촉점, 압력을 느끼는 압점, 여러 가지 통증을 느끼는 통점, 온도변화를 감지하는 온점과 냉점 등 감각점이 존재한다. 이 감각점은 피부에서의 위치, 생김새, 분포도가 제각각이다.

ANSWER

23 데카르트 24 프라이(1852 ~ 1932)

감각점 중에 어떤 점이 가장 많이 분포할까? 바로 통점이 가장 많은데 그 이유는 우리 몸의 손상을 막기 위해서이다. 실제로 압력이 세거나 온도변화가 심할 때에도 통각으로 느낀다.

QUIZ 25

1862년 호페-자일러는 적혈구 속의 단백질인 이것을 발견했다. 이것은 무엇인가?

해설 혈액은 적혈구, 백혈구, 혈소판으로 이루어져 있다. 호페-자일러는 적혈구 속의 단백질인 헤모글로빈을 발견했다. 그는 헤모글로빈이 산소와 결합해 산소를 몸의 각 조직에 전달한다는 것도 알아냈다.

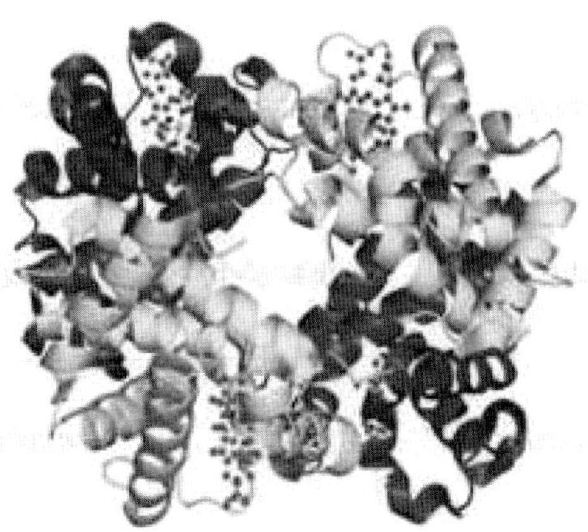

ANSWER

25 헤모글로빈

QUIZ 26

맥박계를 처음 발명한 사람은?

해설 심장 질병을 연구하던 영국의 매켄지는 에딘버러 의과대학을 졸업하고 병원을 차렸다. 그때 임신한 여자가 급작스런 심장발작을 일으켜 사망한 것을 보고 동맥과 정맥의 맥박을 기록하는 맥박계를 발명했다.

그 후 네덜란드의 생리학자 아인트호벤은 심장의 전류를 측정해 심장의 상태를 체크할 수 있는 심전계를 발명했다.

QUIZ 27

사람의 ABO 혈액형을 처음 알아낸 사람은?

해설 오스트리아의 란트슈타이너는 빈 의과 대학을 나와 처음에는 화학연구를 하다가 1909년 빈 대학으로 돌아와 병리학연구를 했다. 1922년 란트슈타이너는 미국으로 이주해 록펠러 연구소에서 주로 면역체계를 연구하던 중 혈액형을 발견했다.

ANSWER

26 매켄지(1853 ~ 1925) 27 란트슈타이너(1868 ~ 1943)

1900년 이전에 상처에 의한 혈액 손실을 보충하기 위해서 수혈이 시행되었다. 처음 수혈은 동물의 피를 사람에게 보충하는 방식이었는데 이 과정에서 많은 환자들이 죽었다.

란트슈타이너는 환자에게 안전한 수혈 방법을 찾으려했다. 1901년 그는 인간의 혈액을 적혈구 속의 항원 (A와 B)의 존재 여부와 혈청 중에 대응하는 항체에 따라 A, B, C 세 가지 방법으로 나눌 수 있다는 것을 알아냈다. 그가 말한 C형은 나중에 O형으로 바뀌었고 그의 동료들이 AB형을 발견해 혈액형은 모두 네 종류가 되었다.

만일 A 항원만을 가지고 있으면 A 형이 되고, B항원만을 가지고 있으면 B형이 되고 두 항원을 모두 가지면 AB형이 되며 어느 항원도 가지고 있지 않으면 O형이다.

혈액형의 유전자는 A, B, O의 세 가지 기호로 나타낼 수 있는데 유전자 A와 B는 불완전우성이고 유전자 O에 대해서는 각각 우성이다. 따라서 혈액형이 A형인 사람의 유전자형은 AA, AO의 두 가지이고 혈액형이 B인 사람의 유전자형은 BO와 BB의 두 가지이다. 물론 O형과 AB형의 경우 유전자형은 각각 한 가지 뿐이다.

그럼 왜 부모가 모두 A형인데 자식이 O형일 수 있을까? 이것은 부모의 혈액형의 유전자형이 모두 AO이기 때문이다. 부모가 AO인 경우 자식의 혈액형이 될 수 있는 것은

$$(A+O)\times(A+O)$$

의 전개식을 통해 쉽게 알 수 있다. 이 식을 전개해보면

$$AA+AO+AO+OO$$

가 되므로 이때 나올 수 있는 자녀의 혈액형은 A형과 O형이다. 그럼 자녀의 혈액형이 모두 나올 수 있는 경우가 있을까?

물론있다. 아버지가 AO형이고 어머니가 BO형이거나 반대로 아버지가 BO형이고 어머니가 AO형이면 가능하다. 이때 나올 수 있는 자녀들의 혈액형은

$$(A+O)\times(B+O)$$

를 전개하면 되는데 이 식을 전개하면

$$AB+BO+AO+OO$$

가 되어 모든 혈액형이 가능하다는 것을 알 수 있다.

QUIZ 28

Rh 혈액형을 발견한 사람은?

해설 1940년 란트슈타이너와 버너는 공동으로 Rh+, Rh- 혈액형을 발견했다. 두 사람은 Rh 혈액형이 일치할 때만 수혈이 가능하면 만일 Rh 혈액형이 다른 혈액을 수혈하면 혈구의 파괴가 일어난다는 것을 알아냈다.

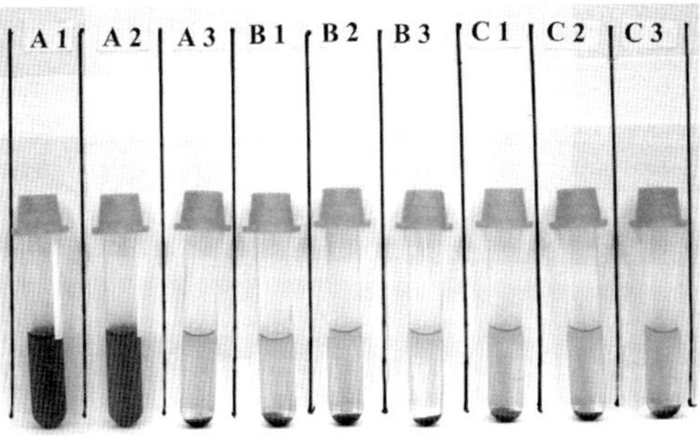

ANSWER

28 란트슈타이너와 버너

QUIZ 29

항상성이란 무엇인가?

해설 사계절이 지나가도 우리의 체온은 늘 같다. 그리고 운동을 열심히 하여 땀을 흘리면 목이 마르고 물을 많이 마시면 오줌이 많이 나온다. 왜 그럴까?

우리의 몸은 외부나 몸 안의 환경이 변하더라도 늘 같은 상태로 유지하려는 성질이 있는데 이것을 '항상성'이라고 한다. 항상성은 체내의 여러 조직들과 기관들이 서로 도와 유지 하는데 이를 주관하는 것이 호르몬계와 신경계이다. 그리고 이들의 대장은 간뇌에 있는 시상하부라는 곳이다. 시상하부는 우리 몸에서 센서의 역할을 한다. 즉, 외부나 내부의 환경변화가 있으면 바로 감지한다. 그 후 신경계나 호르몬계에게 변화에 맞춰 활동하라고 명령한다. 신경계가 조절하는 것을 신경성 조절, 호르몬계가 조절하는 것을 체액성 조절이라고 한다.

QUIZ 30

최초로 호르몬을 발견한 사람은?

해설 호르몬은 내분비선에서 혈류로 분비되어 멀리 떨어진 목표세포에 작용하는 물질이다. 1902년 영국의 스탈링과 베이리스는 호르몬을 발견하고 스탈링이 호르몬이라고 명명했다.

두 사람은 위와 소장의 중간에 있는 십이지장의 상피세포에서 분비되어 혈액으로 방출되는 세크레틴이라는 물질을 발견했는데 이것이 바로 최초로 발견된 호르몬이다. 세크레틴은 이자를 자극해 소화액이 장에 분비되는 것을 도와준다.

QUIZ 31

아드레날린을 발견한 사람은?

해설 1893년 올리버는 양의 부신 추출물에서 혈관 수축작용을 하는 물질을 발견했다. 그후 존스홉킨스 대학의 아벨은 이 추출물에서 혈관수축을 담당하는 성분을 분리해 이것의 이름을 에피네프린이라 명명했다. 1900년 다카미네는 이 물질을 순수 결정 상태로 분리해 이때부터 제약회사를 통해 아드레날린이라는 이름으로 불리워졌다.

ANSWER

30 스탈링과 베이리스 31 올리버

QUIZ 32

인슐린을 발견한 사람은?

해설 인슐린의 발견자 밴팅은 캐나다의 온타리오주에서 태어나 신학을 공부하기 위해 토론토 대학에 입학했다가 곧 의과대학으로 옮겼다.

1920년 밴팅은 학생들에게 이자에 대한 수업을 하던 중 갑자기 이자 분비물이 당뇨병을 앓는 개의 생명을 연장시켜 줄지 모른다는 생각이 들었다.

1921년부터 밴팅은 동료교수인 매클로드와 이자에서 당뇨병에 걸린 개를 고칠 수 있는 물질을 분리했는데 이것이 바로 인슐린이다.

두 사람은 1922년 당뇨병에 걸린 14살 톰프슨에게 인슐린을 주사했다. 톰프슨의 혈당 농도는 감소하기 시작해 곧 정상수치가 되었다. 인슐린의 발견으로 밴팅과 매클로드는 1923년 노벨 생리 의학상을 수상했다.

ANSWER

32 밴팅(1891 ~ 1941)

퀴즈 생물학의 역사

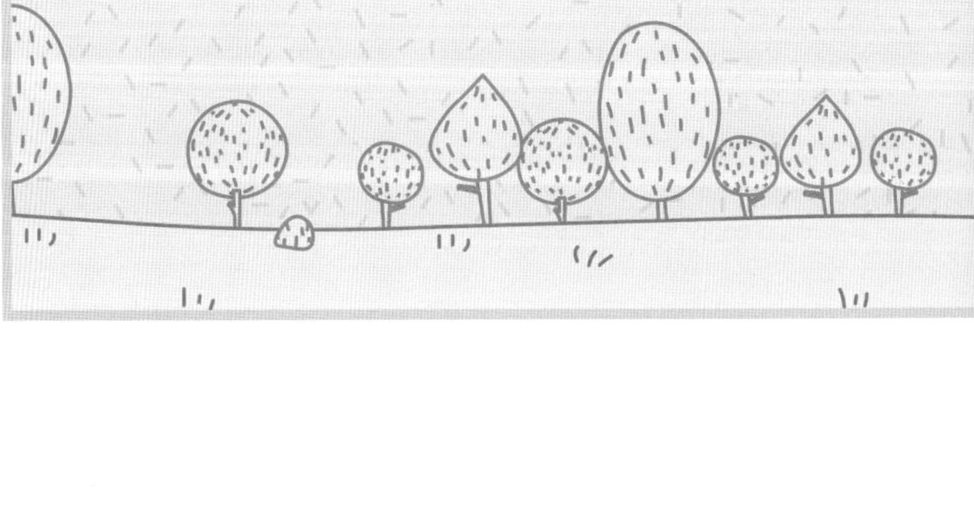

제 5 부

식물과 동물 행동에 대한 연구

QUIZ 01

잎이 녹색을 띠는 이유를 처음 밝힌 사람은?

해설 1883년 독일의 쉼퍼는 식물의 잎이 녹색인 이유를 처음 알아냈다. 그는 식물의 잎에 녹색을 띠는 엽록소라는 색소가 있기 때문에 식물의 잎이 녹색을 띤다는 것을 알아냈다. 엽록소는 엽록체라는 기관 안에 들어 있는 동글동글한 입자이다. 식물의 잎은 윗면에 엽록체가 더 많이 있기 때문에 잎 윗면이 아랫면 보다 더 진한 녹색을 띤다. 엽록체는 지름이 약 5내지 10마이크로미터이고 두께는 2내지 3마이크로미터인 동그란 모양이나 타원 모양이다.

QUIZ 02

단풍이 생기는 이유를 처음 알아낸 사람은?

해설 엽록소를 발견한 독일의 쉼퍼는 1883년 단풍이 울긋불긋한 이유를 밝혀냈다. 쉼퍼는 가을이 되면 단풍이 들어 녹색 잎이 없어지는 이유는 잎 안의 엽록소가 죽었기 때문임을 알아냈다.
엽록소는 온도에 민감한 색소이다. 즉 온도가 내려가면 파괴되는 성질이 있다. 식물의 잎에는 엽록소 외에도 카로틴, 크산토필, 안토시아닌 등 녹색 이외의 색깔을 띠는 색소들이 있다. 이들 색소는 엽록소가 살아있을 때는 엽록소에 눌려 그 색깔이 나타나지 않다가 가을이 되어 엽록소가 파괴되면 자신의 색깔을 나타내게 되어 붉은 색 또는 노란 색 단풍이 드는 것이다.

ANSWER

01 쉼퍼 02 쉼퍼

QUIZ 03

식물이 물을 빨아들이는 과정을 처음으로 설명한 사람은?

해설 네덜란드의 과학자 헬몬트는 사람이나 동물처럼 식물에게도 물이 꼭 필요함을 알아냈다. 그는 흙의 무게를 잰 다음 그 흙에 나무를 심고 물만을 주어 나무를 크게 자라게 했다. 그 다음에 흙의 무게를 재어보았더니 흙의 무게는 별로 줄어들지 않았다. 쉼퍼는 식물이 자라는 이유는 흙속에 들어있는 물을 계속 빨아들이기 때문임을 알아냈다. 그는 흙속의 물이 줄기를 타고 올라가는 데 줄기 속에는 땅속의 물이 위로 올라가는 아주 작은 관인 물관이 있어 물관을 통해 식물이 물을 빨아들인다는 것을 알아냈다. 식물의 뿌리는 뿌리털 한 개의 표피 세포가 변해서 된 것으로 물과 무기양분을 흡수하는 데 뿌리에는 생장점, 뿌리골무, 관다발이 있다. 생장점은 세포가 분열하여 새로운 세포를 만드는 부분이고, 뿌리골무는 생장점을 보호하며 관다발은 뿌리의 안쪽에 있는 데 물관과 체관으로 이루어져 있다. 뿌리는 식물이 흙에서 버티고 설 수 있게 하며 삼투 현상에 의해 뿌리털에 흡수된 물과 무기 양분을 물관을 통해 식물의 각 부분에 보내는 역할을 한다. 또한 무, 고구마, 당근 등은 잎에서 만든 유기 양분이 체관을 통해 뿌리로 내려와 저장하기도 한다.

식물은 뿌리로부터 물을 빨아들이는 데 이렇게 들어온 물이 잎의 숨구멍을 통해 수증기가 되어 빠져나가는 데 이것을 증산작용이라고 부른다.

ANSWER

03 헬몬트

식물은 이 기능을 통해 식물 속의 물의 양과 체온을 일정하게 유지한다. 즉 식물의 증산작용은 동물이 오줌을 누는 것이나 땀을 흘리는 것과 비슷한 작용이다.

QUIZ 04

식물이 산소를 내뱉는 걸 처음 알아낸 사람은?

해설 1779년 네덜란드의 잉겐하우스는 동식물이 산소를 들이마시는 데 반해 식물은 산소를 내뿜는다는 것을 알아냈다. 잉겐하우스는 식물을 물에 넣으면 기포가 발생한다는 것을 보고 이 기포가 식물이 들이 마신 공기가 나온 것이라고 생각했다. 그런데 잡초가 꽂혀 있는 수조를 그늘로 옮겼을 때는 기포가 안 나왔다. 혹시 추워서 그런가 하고 주위를 따뜻하게 해주었지만 여전히 기포는 생기지 않았다. 잉겐하우스는 기포의 발생이 빛과 관계있다고 생각하게 되었다. 그리고는 햇빛 아래서 발생하는 이 기포를 모아보았더니 그 기포는 바로 산소였다.

식물은 낮에는 공기 중의 이산화탄소를 들이 마시고 산소를 내뱉지만, 밤에는 반대로 산소를 들이마시고 이산화탄소를 내뱉는다.

QUIZ 05

식물의 광합성을 처음 발견한 사람은?

ANSWER

04 잉겐하우스 05 작스

해설 1882년 독일의 작스는 식물이 어떻게 영양분을 섭취하는지에 대해 알아냈다. 우리가 먹는 감자는 바로 식물이 저장해둔 녹말이다. 이렇게 식물의 음식은 녹말인데 이것은 광합성 과정에 의해 만들어진다.

작스는 잎을 어둠속에 오래 놔두면 잎속의 녹말이 사라진다는 것을 알고 녹말을 만드는 것이 빛의 작용이라고 생각했다. 그래서 잎의 반쪽은 빛을 가리고 나머지 반은 빛을 쪼였더니 빛을 가리지 않은 곳에만 녹말이 생겼다.

작스는 식물이 물과 이산화탄소를 이용해 녹말을 만든다는 것을 알아냈다. 물은 뿌리를 통해 줄기의 물관을 거쳐서 잎으로 오고 이산화탄소는 잎의 기공을 통해 받아들이는데 여기에 빛이 오면 이들이 산소와 녹말로 바뀐다. 이 반응을 광합성이라고 부른다. 이때 만들어진 녹말은 식물의 모든 부분으로 흘러 들어가고 산소는 내뱉게 된다.

QUIZ 06

광합성이 엽록체에서 일어난다는 것을 처음 알아낸 사람은?

해설 1882년 독일의 엥겔만이 광합성이 잎의 엽록체에서 일어난다는 것을 알아냈다. 그는 식물의 잎과 박테리아를 이용하여 이 사실을 알게 되었다.

ANSWER

06 엥겔만

엥겔만은 식물의 잎에 산소에 민감한 박테리아를 투여하고 빛을 쪼였다. 그랬더니 박테리아들이 엽록체 주위에 몰려 있었다. 이것은 엽록체에서 산소가 나온다는 얘기이니까 바꿔 말하면 엽록체가 광합성장소라는 얘기가 된다.

QUIZ 07

식물에도 암수가 있다는 것을 처음 알아낸 사람은?

해설 1580년 이탈리아의 식물학자 알피노가 처음 식물의 암수를 밝혔다. 알피노는 이집트에서 의사로 일하면서 암꽃만 있는 대추야자와 수꽃만 있는 대추야자가 있음을 알았다. 즉, 그는 처음 자웅이주(암수 딴 그루)식물을 발견한 것이다.

ANSWER

07 알피노

QUIZ 08

식물에도 생식기관이 있다고 주장한 사람은?

해설 튀빙겐 대학의 식물원장인 카메라리우스는 암술과 수술이 한 꽃에 있는 양성꽃에서 암술은 여성기관이며 수술은 남성기관이라고 주장했다.

암술은 암술머리, 암술대, 씨방으로 이루어지고 수술은 수술대와 꽃밥으로 이루어져 있다. 꽃잎은 암술과 수술을 싸서 보호하고 꽃받침은 암술, 수술, 꽃잎을 보호하는 기능을 한다.

수술의 꽃가루가 암술머리에 옮겨지는 것을 수분이라고 하는데 대부분 꽃이 피는 식물은 곤충에 의해 수분이 이루어진다. 또 소나무나 보리는 바람에 의해 수분이 이루어지고 그밖에 나사말, 검정말, 큰마디말, 붕어마름과 같이 물 속 식물들은 물에 의해 수분이 이루어진다.

씨앗이 생기는 것을 수정이라고 부르는 데 암술머리에 온 꽃가루가 꽃가루관을 통해 씨방 속의 밑씨와 결합하는 것이 수정이다. 수정 후 밑씨는 자라서 씨앗이 되고 씨방은 열매가 된다.

QUIZ 09

최초로 꽃 시계를 발명한 사람은?

ANSWER

08 카메라리우스(1655 ~ 1721) 09 린네

해설

1730년 스웨덴의 린네가 꽃으로 시계를 만들었다. 꽃은 빛의 세기와 양에 따라 피고 지는 것이 다르다. 린네는 식물의 기상 시간이 다른 것을 이용하면 꽃시계를 만들 수 있다고 생각했다. 우선 해가 뜰 때부터 정오 사이에는 민들레–제비꽃–채송화의 순서로 피고 정오부터 해가 질 때까지는 도라지–패랭이꽃–분꽃–박꽃의 순서로 피고 해가 지고 난 후부터 자정까지는 달맞이꽃–월하미인의 순서로 피고 그 후 해가 뜨기 전에 나팔꽃-연꽃의 순서로 피기 때문에 이런 꽃 들을 화단에 골고루 심어 놓으면 어떤 꽃이 피었는가를 통해 지금이 대략 몇 시 쯤인지를 알 수 있게 된다.

QUIZ 10

식물이 자라는 데 필요한 원소는 무엇인가?

해설 식물이 자라는 데 필수적인 원소는 탄소, 수소, 산소, 질소, 황,

인, 칼륨, 칼슘, 마그네슘 등이다. 이 중 탄소, 수소, 산소는 물과 이산화탄소의 형태로 잎과 뿌리를 통해 흡수되고 그 외의 필수 원소들은 물에 녹은 상태로 뿌리를 통해 흡수된다.

QUIZ 11

식물도 운동을 할까?

해설 식물은 동물처럼 걸어 다닐 수는 없지만 약간의 운동을 한다. 예를 들어 감자 싹은 빛이 오는 방향으로 자라고 식물의 뿌리는 물기가 많은 쪽으로 구부러지고 땅으로 나온 봉선화의 뿌리가 다시 땅 방향으로 구부러지는 것 이런 행동들이 식물의 운동이다.

QUIZ 12

꽃은 왜 색깔이 다를까?

해설 꽃의 색깔이 여러 가지인 것은 꽃 속의 색소가 다르기 때문이다. 장미와 같은 빨간꽃은 안토시안이라는 색소를 가지고 있고 개나리 같은 노란꽃이나 주황꽃은 카로티노이드라는 색소를 가지고 있다.

꽃은 갖춘 꽃과 안 갖춘 꽃으로 나뉘는데 갖춘 꽃은 한 송이의 꽃이 암술, 수술, 꽃잎, 꽃받침을 모두 가지고 있는 꽃을 말하고 안갖춘 꽃은 암술, 수술, 꽃잎, 꽃받침 중 적어도 하나 이상이 없는 꽃을 말한다. 그리고 꽃은 꽃잎의 모양에 따라 꽃은 통꽃과 갈래꽃으로 나눌 수도 있다. 통꽃은 꽃잎이 모두 붙어 있는 꽃을 말하는데 도라지 같은 꽃이다. 그리고 갈래꽃은 꽃잎이 떨어져 있는 꽃인데 민들레나 매화 같은 꽃이다.

QUIZ 13

새들이 노래를 잘하는 수컷을 좋아한다는 것을 처음 알아낸 사람은?

해설 2000 미국 듀크대학의 동물학자인 노위키 교수가 암컷 새들도 레퍼토리가 다양한 수컷 새를 좋아한다는 연구결과를 발표했다. 노위키는 휘파람새를 연구했는데 휘파람새는 태어나자마자 둥지에서 아버지 새로부터 노래를 배운다. 그러므로 노래를 잘하는 수컷이 어렸을 때 아버지의 사랑을 많이 받고 먹이도 잘 먹는다. 노위키는 다양한 레퍼토리를 가진 수컷 새가 깃털도 길고, 몸집도 크다는 것을 발견했다.

노위키는 노래를 잘 못 뇌가 잘 발달되어 있지 않음을 알아냈고 암컷 새가 노래를 다양하게 부를 줄 아는 수컷새를 좋아한다는 것을 알아냈다.

QUIZ 14

연어가 올라오는 강가의 나무가 더 잘 자란다는 것을 밝혀낸 사람은?

ANSWER

13 노위키 14 나이만

해설 2001년 미국 워싱턴대의 나이만 교수가 바다에서 강을 거슬러 올라오는 연어와 강가에 사는 나무를 잘 자라게 한다는 사실을 알아냈다. 연구결과 연어가 올라오는 강가의 나무는 그렇지 않은 나무보다 무려 3배나 빨리 자랐다. 예를 들어 가문비나무는 보통 30센티미터의 굵기지만 연어가 많이 올라오는 강가의 86살 된 가문비나무는 굵기가 50㎝를 넘었다.
연어는 바다에 있는 풍부한 영양분을 먹고 크게 자란 뒤 강을 거슬러 올라와 알을 낳고 죽는데 이때 연어 시체에 있는 질소와 인을 비롯한 여러 가지 영양분이 강으로 배출되고, 강가에 있는 나무는 뿌리를 통해 영양분이 흡수되기 때문에 식물이 크게 자라는 것이다.

QUIZ 15

페로몬은 누가 처음 발견했는가?

해설 1839년 독일의 부테난트가 암컷이 수컷을 유혹하는 화학물질인 페로몬을 발견했다. 그는 20년 동안 누에나방을 연구했다. 누에나방의 암컷이 내는 화학물질을 찾던 중 암컷 누에나방이 내는 페로몬이라는 화학물질의 냄새를 수 킬로미터 밖에서 맡은 수컷들이 암컷에게 달려온다는 것을 알아냈다.

QUIZ 16

꿀벌들의 언어를 처음 알아낸 사람은?

ANSWER

15 부테난트 16 프리슈

해설 1960년 오스트리아의 동물학자인 프리슈가 벌들의 언어를 알아냈다. 그는 벌이 춤으로 의사소통을 함을 알아냈다. 벌의 춤은 두 종류로 하나는 둥글게 도는 춤과 꼬리를 흔드는 춤이다. 이 두 춤은 동료들에게 꿀이 있는 위치를 알려주는 역할을 한다. 벌은 꿀이 10미터 이내에 있으면 둥글게 도는 춤을 추고, 꿀이 100미터 밖에 있으면 꼬리 흔들기 춤을 춰 동료에게 알려준다.

MEMO

퀴즈 생물학의 역사

제 6 부

생물의 분류와 진화론의 발견

QUIZ 01

생물 분류의 단위로 종을 사용해 동식물의 분류체계를 처음 개발한 사람은?

해설 지구상에는 다양한 생물 종들이 존재하지만 1600년까지는 약 6000종의 식물이 알려졌고, 1700년까지는 약 12000종의 새로운 식물 종을 알아냈다. 동물학자들 역시 다양한 종을 이해했다. 현재까지 알려진 생물은 약 140만 종 정도이다. 알려진 생물의 50%인 75만 종은 곤충이며 이중 29만 종이 딱정벌레(목)이다. 1660년 레이는 종을 생물 분류의 기본 단위로 여겼다. 그는 생식을 통해 자식을 만들 수 있으려면 반드시 종이 같아야 한다고 생각했다. 예를 들어, 황소와 암소는 종이 같아서 자손을 만들 수 있지만 소와 돼지는 종이 달라서 자손을 만들 수 없다. 레이는 이렇게 자손을 만들어 낼 수 있는 생물들을 하나의 종으로 묶었다. 그는 자신의 저서 『식물의 역사』에서 18600종의 식물에 대한 설명을 하면서 종이 생물의 기본 단위가 되어야 한다고 강조했다.

영국의 생물학자 레이는 대장장이의 아들로 태어나 어린 시절을 가난하게 보냈다. 그는 17살에 케임브리지 대학에 장학생으로 입학해 21살부터 대학 연구원이 되어 수학을 가르쳤다. 레이는 23살 때 중병을 앓은 후 회복을 위해 학교 근처의 산과 들을 찾다가 우연히 식물의 여러 가지 모습에 매료되어 생물학자의 꿈을 키웠다. 최초의 생물 분류학자인 레이는 『식물의 역사』라는 책을 시작해 『어류』, 『조류』, 『곤충의 역사』 등의 책을 썼다.

ANSWER

01 레이(1627 ~ 1705)

QUIZ 02

생물의 이름을 속과 종으로 나타내자고 처음 주장한 사람은 누구인가?

해설 18세기 이전까지 종은 하나님에 의해 창조된 이래 변할 수 없는 것으로 인식되었다. 스웨덴 웁살라 대학에서 의학공부를 하던 린데는 의학 보다는 식물학에 관심이 많았다. 린네는 종이 변할 수 없다는 기독교 사상에 반해 생물 종들로부터 새로운 종이 출현할 수 있다고 믿었다.

1758년 린네는 생물의 이름을 두 개의 단어로만 나타내자고 주장했다. 린네는 이 내용을 자신의 저서인 『자연의 체계』에서 주장했는데 예를 들어 사람의 경우 린네의 방식대로 표현하면 호모 사피엔스가 된다.

ANSWER

02 린네

일반적으로 생물은 계-문-강-목-과-속-종으로 분류된다. 예를 들어 고양이를 이 방법으로 쓰면 다음과 같다.

동물계-척추동물문-포유강-식육목-고양이과-고양이속-야생고양이종

개의 경우는 다음과 같다.

동물계-척추동물문-포유강-식육목-개과-개속-늑대종

개와 고양이는 종이 다르기 때문에 자손을 만들어 낼 수 없다. 사람의 경우는 다음과 같다.

동물계-척추동물문-포유동물강-영장류목-인류과-호모속-사피엔스종

그러므로 린네의 명명법대로라면 사람은 속을 나타내는 단어인 호모와 종을 나타내는 사피엔스가 합쳐진 호모 사피엔스가 된다. 그 후 마이예는 긴 세월이 지남에 따라 생물의 종이 변할 수 있다는 조심스러운 이론을 내놓았는데 이 생각은 진화론의 출발점이 되었다.

QUIZ 03

같은 형질의 생물을 오랜 세월동안 교배시키면 새로운 종이 나타난다고 주장한 사람은?

ANSWER

03 모페르튀

해설 모페르튀는 유전과 종사이의 관계에 관심을 기울였다. 당시에는 부모 중 한 쪽 만이 유전형질을 자녀에게 전달한다는 믿음이 강했다. 하지만 모페르튀는 흑백혼열아를 예를 들어 이를 부정했다.

모페르튀는 같은 형질의 생물을 여러 세대에 걸쳐 교배시키면 변이를 통해 새로운 종이 만들어진다고 주장했다. 이러한 변이는 기후나 음식 등의 요인에 의해 일어난다는 것이 그의 생각이다.

QUIZ 04

이 사람은 서로 다른 동물 종들의 비슷한 점을 토대로 서로 다른 종들도 같은 조상으로부터 만들어졌다고 주장했다. 이 사람은 누구인가?

해설 프랑스의 박물학자 뷔퐁은 왕립 식물 연구소의 책임자였다. 그는 44권으로 구성된 『자연사』라는 책을 저술했는데 이 책에서 그는 자연에서 발생하는 모든 현상의 원인은 자연속에서 찾아야한다고 주장했다. 이 책에서 그는 생물의 종이 환경에 따라 변할 수 있다는 모페르튀의 이론을 지지했다. 그는 한 발 더 나아가 서로 다른 종들이 같은 조상에서 유래된다고 주장하는 최초의 진화론을 발표했는데 이것을 뷔퐁의 진화론이라고 부른다. 그의 진화론에 의하면 생물은 원시적인 생물에서 점점 진화해 완전한 생물로 진화되는 것 뿐 아니라 환경에 따라 오히려 퇴화할 수도 있다.

ANSWER

04 뷔퐁

진화론의 창시자인 찰스 다윈의 할아버지인 영국의 박물학자 에라스무스 다윈은 뷔퐁의 이론을 지지했다. 이 과정에서 그는 환경에 잘 적응한 개체가 더 많은 자손을 남김으로써 종의 개량이 일어난다고 주장했다.

QUIZ **05**

생물이 살아가는 동안 환경이나 생활습관에 의해 얻어지는 형질을 획득형질이라고 한다. 이 사람은 획득형질의 유전이라는 개념을 근거로 기린의 목이 길어진 것을 설명했는데 이것을 용불용설이라고 부른다. 이 사람은 누구인가?

해설 1800년 프랑스의 라마르크는 가장 단순한 생물을 자연발생적으로 생겨났고 다른 모든 생물은 환경의 영향에 따라 이 단순한 생물로부터 다양한 형태로 생겨났다고 주장했다.

라마르크는 이 과정에서 획득형질에 따라 생물이 진화한다고 주장했다. 그는 기린이 원래는 목이 길지 않았지만 높은 나무의 잎을 따먹기 위해 기린이 목이 길어졌다고 생각했다. 이렇게 획득한 형질은 자손에게 유전되어 목이 긴 기린들이 태어났다는 것이 라마르크의 생각이다.

라마르크의 생각은 세포와 유전과의 관계가 밝혀진 후 틀린 것으로 판명된다. 생물의 세포에는 체세포와 생식세포의 두 종류가 있는 데 이 중 생식세포만이 다음 세대에 유전되므로 체세포의 변화로 생긴 획득 형질(기린의 목이 길어짐)은 유전되지 않아야 하기 때문이었다.

ANSWER

05 라마르크(1744 ~ 1829)

QUIZ 06

이 사람은 진화론의 창시자이다. 『종의 기원』이라는 책으로 유명한 영국의 생물학자인 이 사람의 이름은 누구인가?

해설

ANSWER

06 찰스 다윈(1809 ~ 1882)

1809년 2월 12일에 영국 남서부의 쉬루즈버리에서 태어난 다윈은 어릴 때부터 아주 활발하고 호기심이 많았다. 그래서 어린 다윈은 틈만 나면 들판으로 나가 사냥도 하고 호수에서 물고기를 잡기도 했다. 그는 조개껍질이나 신기하게 생긴 돌멩이를 모으고 이것들이 어디에서 생겨났는가를 항상 궁금해 했다. 다윈은 자연에 대한 호기심으로 가득 차있어 열 살 때는 바닷가에서 3주 동안 새로운 곤충들을 관찰하기도 했다.

다윈은 아홉 살부터 7년 동안 버틀러 목사님이 가르치는 교회학교를 다녔다. 이곳에서 그는 고대의 역사나 고대의 지리학을 배웠다. 다윈은 화학을 좋아했는데 형과 함께 창고를 화학 실험실로 꾸며 여러 가지 화학 실험을 하곤 했다.
그러던 어느 날 다윈은 들판으로 나가 오래된 나무껍질을 뜯어내다가 희귀한 모양의 딱정벌레 두 마리를 발견했다. 그는 두 마리의 딱정벌레를 한 손에 하나씩 쥐고 있었는데 또 한 마리의 딱정벌레가 나타나자 그 딱정벌레 역시 놓치고 싶지 않아 손에 쥔 딱정벌레 한 마리를 얼른 입에 집어넣었다.

그러나 딱정벌레가 냄새가 지독한 분비액을 내놓는 바람에 뱉어 버릴 수밖에 없었다. 이 정도로 다윈은 희귀한 벌레를 수집하는 것을 아주 좋아했다.
1825년 다윈은 의사인 아버지의 권유로 에든버러 의과대학에 입학했다. 하지만 의사는 그의 적성에 맞지 않았다. 당시에는 마취를 하지 않은 상태에서 수술을 했는데 다윈은 환자들의 피와 비명 소리를 견뎌내지 못하고 수술실을 뛰쳐나가 결국 의사의 길을 포기하게 되었다.

1828년 아버지는 다윈을 목사로 만들 생각으로 그를 케임브리지 대학에 보냈다. 다윈은 성경 공부 보다는 동물과 식물에 관심이 많아 식물학자인 헨슬로 교수와 친하게 지냈다. 1831년 봄 다윈은 대학을 졸업하고 그 해 12월 27일 그는 헨슬로 교수의 추천으로 비글호라는 이름의 범선을 타고 항해를 하게 되었다. 이것이 바로 그의 운명을 바꿔 놓은 역사적인 여행이 되었다.

1832년 2월 28일, 여행을 떠난 지 두 달 만에 드디어 다윈은 새로운 대륙이 있는 브라질의 바이아에 도착했다. 그는 하늘을 찌를 듯한 큰 나무들과 지금까지 본 적이 없는 신기한 동물들과 엄청나게 커다란 벌레를 브라질에서 볼 수 있었다.

다윈은 날마다 수 십 종의 벌레와 새의 표본을 모으기 시작했다. 당시 다윈이 모은 표본은 그 당시까지 사람들에게 알려지지 않은 생물들이었다.

1835년 9월 15일 다윈은 태평양에 있는 갈라파고스 제도에 갔다. 이곳은 수많은 섬들로 이루어진 곳인데 섬마다 기후나 환경이 조금씩 달랐다. 그래서인지 각각의 섬에서 자라는 거북이나 새와 식물들의 모양도 차이가 났다. 섬에 사는 사람들은 거북이의 등딱지의 모양과 색깔만으로도 그 거북이가 어느 섬에서 온 것인지를 알 고 있었다. 갈라파고스의 많은 섬에는 서로 다른 종류의 딱따구리가 살고 있었는데 섬마다 부리의 모양이 달랐다. 식물이 많은 섬에 사는 딱따구리는 식물의 씨를 주로 먹고 살아 부리가 굵었고 곤충이 많은 섬에 사는 딱따구리는 작은 곤충을 잘 잡아먹을 수 있도록 부리가 가늘고 길었다. 다윈은 이들 딱따구리들이 주어진 환경에서 가장 잘 적응할 수 있도록 부리의 모양이 변한 것이라고 생각하게 되었다.

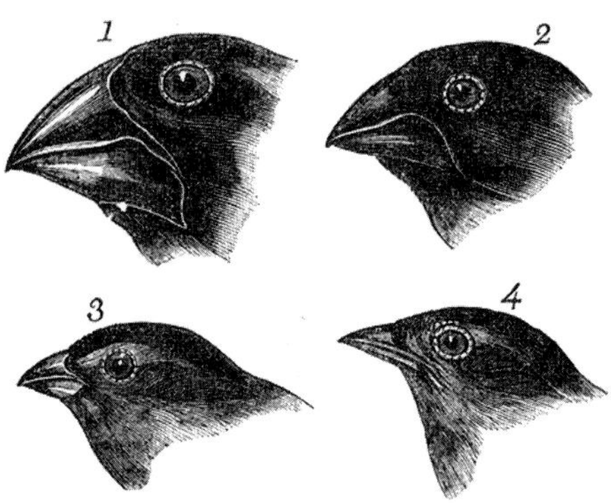

갈라파고스의 생물들에 대한 관찰은 다윈에게 놀라운 생각을 떠올리게 했다. 같은 종류의 동물들이라도 기후나 환경이 다른 곳에서 오래 동안 살게 되면 그 모양이 다르게 변한다는 것인데 이것이 바로 유명한 다윈의 진화론이다.

다윈은 갈라파고스에서 5주 동안 머문 다음 다윈은 타히티 섬과 뉴질랜드를 거쳐 1836년 1월 12일 오스트레일리아에 도착했다. 오스트레일리아는 낯선 동물들로 가득 찬 새로운 대륙이었다. 다윈은 이곳에서 캥거루와 같은 여러 포유동물과 많은 식물들을 보게 되었다.

그 다음으로 다윈이 방문한 곳은 인도양에 있는 컬링 산호초라는 곳이다. 진화론 외의 다윈의 또 다른 커다란 업적 중의 하나는 산호초가 만들어지는 과정을 설명한 것이다.

1836년 4월 12일 컬링 섬을 둘러싼 산호들을 관찰하면서 다윈은 여러 가지 종류의 산호초의 차이를 명확하게 파악했고 산호초가 만들어지는 과정을 밝혀냈다. 즉 산호초는 바다 지각이 위로 솟아오르거나 가라앉는 운동이 수차례 반복되어 만들어 진다는 것을 알아냈다.

비글호는 5년간의 탐사를 마치고 다윈은 1836년 10월 2일에 영국에 도착했다. 그는 비글호 항해를 마치고 귀국한 후 1838년에 영국지질학회 서기가 되었고 이듬해에는 영국학사원의 회원이 되는 영광을 누렸다. 그런 지위에 오르기에는 아직 젊었지만 학자들은 그의 학문적 업적을 인정했던 것이다. 그는 1839년 1월 사촌누나인 웨지우드와 결혼해 학문에 몰두할 수 있었다. 그리고 같은 해 그는 비글호에서 겪은 일기를 모아서『비글호 항해기』라는 책을 냈다.

그러나 건강이 좋지 않아 다윈은 1841년 2월에 지질학회 서기직을 사임했다. 남아메리카에서 걸렸던 풍토병이 재발한 것이었다. 그는 1835년 3월 안데스산맥을 넘어 아르헨티나를 답사하던 중 벤추카 빈대에 물려 풍토병인 사가스 병에 걸린 적이 있었다. 브라질 수면병으로 알려진 이 병에 걸리면 어린이는 죽을 수 있으며 어른은 자유로운 행동을 하지 못한다.
다윈은 갈라파고스의 거북이와 딱따구리 새들에 대한 관찰로부터 모든 생물은 환경에 따라 그 모습이 달라진다는 생각을 품게 되었다. 즉 환경이 바뀌면 그 환경에 가장 적합한 체질을 가진 생물만이 살아남고 자손들에게는 그 환경에 살아남기 가장 좋은 것만 물려준다는 것이 다윈의 생각이었다.
예를 들어 목이 긴 것으로 유명한 기린에 대해 다윈은 아주 오래 전에는 목이 긴 기린 뿐 아니라 목이 짧은 기린도 있다고 생각했다. 기린들은 풀을 뜯어 먹고 사는데 목이 긴 기린은 높은 나무의 잎을 뜯어 먹고 목이 짧은 기린은 풀을 뜯어 먹지만 세월이 흘러 환경이 변해 땅에서 자라는 풀들이 사라져 먹을 것이 나뭇잎들뿐이 되어 목이 짧은 기린은 사라지고 목이 긴 기린만 살아남게 된다는 것이 다윈의 생각이다. 그는 이렇게 환경에 적응하는 개체만 살아남는다는 이론을 주장했다.
다윈은 진화론이 교회와 충돌할 것을 두려워해 발표하기를 꺼려 자료 정리와 책을 쓰는 일에만 몰두했다. 그런데 라마르크라는 학자가 다윈의 진화론과 비슷한 이론을 발표하자 그의 친구들은 그의 업적이 다른 사람에게 돌아갈까 봐 서둘러 발표할 것을 설득했다.

1858년 다윈이 49살이 되었을 때 그는 뜻밖의 편지 한 통을 받았습니다. 월리스라는 학자가 보낸 편지였는데 놀랍게도 그의 진화론과 거의 비슷한 내용을 담고 있었다. 월리스는 말레이시아와 동인도제도를 탐험해 얻은 결과를 정리한 것이었다. 22년 동안 자료를 정리해온 월리스는 진화론이 월리스의 업적으로 돌아갈 것이 두려워 윌리스와의 공동연구를 제의했고 1858년 7월 린네 학회에서 다윈과 윌리스는 진화론에 대한 연구 논문을 발표했다.

이듬해인 1859년 다윈은 진화론에 대한 많은 경쟁 과학자들이 두려워 서둘러 자료를 정리하여 『종의 기원』을 출판했다. 이 책은 대단한 반응을 얻었다. 책은 처음에 1250부만 찍었는데 하루 만에 모두 팔려 곧바로 재판을 찍어야 할 정도로 불티나게 팔려 진화론은 모든 사람들에게 엄청난 반응을 일으켰다.

진화론은 마치 사람이 원숭이나 고릴라로부터 진화되었다는 오해를 불러 일으켰다. 물론 그는 그런 주장을 한 적이 없었다. 그는 사람을 포함한 모든 생명체는 하나님이 맨 처음 창조했으며 다만 환경에 따라 그 모양이 조금씩 달라졌다고만 생각했다. 하지만 그의 주장에도 불구하고 사람들은 그를 '영국에서 가장 위험한 사람'으로 몰았다. 물론 반대로 그의 진화론을 적극적으로 지지해주는 과학자들도 있었다.

동물이나 식물의 진화를 입증하는 잘 알려진 사실은 일부 생물들이 거의 쓸모없어 보이는 흔적기관을 가지고 있다는 점이다. 타조는 몸이 무거워 날지 못하는 새이다. 하지만 타조에게도 다른 새처럼 날 수는 없지만 날개가 있다. 이것은 타조가 과거에는 하늘을 날았다는 것을 나타내는 흔적기관이다.

또 다른 예로는 뱀을 들 수 있다. 뱀은 다리가 없지만 뱀의 몸속에는 다리의 뼈로 보이는 흔적기관이 있다. 그러므로 뱀도 과거에는 네 발로 걸어 다니다가 지금은 다리가 필요 없어져 그 흔적만 남아 있는 모습으로 진화된 것을 의미한다.

다윈은 삶의 마지막을 다운에 있는 집에서 보냈다. 그는 난초를 기르면서 벌레가 어떻게 암술에 수술의 꽃가루를 붙이는 지를 살펴보면서 난초가 진화하면 나중에는 어떤 모습이 될 것인가 하는 생각도 했다.

다윈은 젊은 시절 남아메리카 탐험 때 걸렸던 풍토병으로 평생을 고생하다가 1882년 4월 19일 다운에 있는 집에서 생을 마쳤다. 그는 위대한 과학자로 인정받아 영국 웨스트민스터 사원의 뉴턴의 무덤 바로 옆에 묻히는 영광을 얻게 되었다.

MEMO

퀴즈 생물학의 역사

제 7 부

유전과 DNA 발견의 역사

QUIZ 01

유전 법칙의 창시자는 누구인가?

해설

오스트리아의 식물학자인 멘델은 일찍부터 자연과학을 좋아했다. 그는 1843년 브륀(지금은 체코의 브르노)에 있는 아우구스티누스 수도원에 들어가 1847년에는 수도사로 임명되었다. 수도원에서 수행하는 동안 멘델은 과학 공부를 많이 했다. 1849년 멘델은 브륀 근처에 있는 즈나임 중등학교의 보조 교사가 되어 잠깐 동안 그리스어와 수학을 가르쳤다. 1850년에는 정규 교사 시험에 응시했으나 떨어졌는데, 아이러니컬하게도 가장 점수가 낮은 과목이 생물학과 지질학이었다. 그 후 대수도원장의 추천으로 빈 대학교에 입학한 멘델은 이곳에서 물리학, 화학, 수학, 동물학, 식물학을 공부하고 1854년 브륀으로 다시 돌아와 1868년까지 그곳에 있는 기술고등학교에서 과학을 가르쳤다. 하지만 멘델은 끝내 교사 자격증을 따지 못했다.

ANSWER

01 멘델(1822 ~ 1884)

멘델은 1856년부터 수도원의 작은 정원에서 실험을 시작하여 유전의 기본 원리를 발견했으며 이러한 원리들은 나중에 유전학으로 발전하게 되었다.

그는 혼자 힘으로 연구를 했지만 당시 주변의 분위기는 멘델이 과학에 대한 관심을 유발시키고 있도록 하는 상황이었다. 고등학교에서 그와 함께 일했던 동료들 가운데 몇몇은 과학에 깊은 관심을 가지고 있었는데, 이들은 1862년 브륀에서 자연과학학회를 창립했으며 멘델은 이 모임에서 중요한 직책을 맡았다. 수도원과 학교의 도서관에는 중요한 과학 서적들이 많이 있었으며 그중에서도 그는 아버지의 과수원과 농장에서 얻었던 경험들 때문에 깊은 관심을 지니고 있었던 농학・원예학・식물학에 관한 책을 많이 보았다. 멘델 자신도 이 분야에 대한 새로운 책들이 나오면 곧 구입을 했는데, 이러한 사실은 1860, 1870년대에 출판된 찰스 다윈의 연구 노트를 보면 알 수 있다. 그러나 멘델은 다윈의 맨 처음 저서가 나오기 전에, 또한 유전이 진화의 원인으로서 가장 기초적인 역할을 한다는 사실이 널리 알려지기 전에 이미 실험을 시작했던 것만은 확실하다. 그는 1865년 2월 8일과 3월 8일에 열린 브륀 자연과학학회에서 결과를 보고할 때에도 '식물의 교잡'에 대한 깊은 관심을 언급했으며, 이 분야에서 자기보다 먼저 발표한 사람들의 연구들에 대한 자기의 견해를 밝히면서 단호하게 다음과 같이 말했다. "지금까지 행해진 수많은 실험들 가운데 잡종의 자손들에서 나타날 수많은 형들을 결정하거나, 또는 이러한 형태들을 각 세대에 따라서 확실하게 구분하거나, 이들 사이의 통계적 상관도를 명확히 밝힐 수 있을 만큼 폭넓고 올바른 방법으로 이루어졌던 것은 하나도 없다."

유전 연구 실험에 반드시 필요한 조건에 대한 이러한 논술과 그 조건들을 만족시켜주는 예비 실험 자료들을 통해 그는 유전과 진화 및 일반적인 생물 현상들을 이해하는 데 기초가 되는 여러 문제들을 해결할 수 있었다.

QUIZ 02

멘델의 우열의 법칙을 설명하라.

해설 멘델은 자신이 정원에서 길렀던 여러 가지 완두를 서로 교배했다. 이들 완두는 키가 큰 것과 작은 것, 잎겨드랑이에서 꽃이 피었을 때 색이 있는 것과 없는 것 등과 같이 서로 차이를 보이는 형질과, 씨의 색깔과 모양 그리고 줄기에 꽃이 피는 위치, 콩꼬투리의 모양 등 비슷한 성질을 지니는 형질을 갖고 있었다. 멘델은 순종의 키 큰 완두와 키 작은 완두 사이에서 나올 수 있는 잡종 제 1대는 모두 키가 큰 경우, 모두 키가 작은 경우, 키가 큰 것과 작은 것이 섞여 있는 경우, 중간정도의 키가 되는 경우등 여러 가지로 예측을 해보았다. 그런데 멘델의 실험 결과 잡종 제 1대에서는 모두 키가 큰 콩만 나왔다. 다른 대립형질의 경우도 마찬가지였다. 예를 들어, 둥근씨와 주름진씨 사이에서는 둥근씨만이 나왔고 보라색꽃과 흰색꽃 사이에서는 보라색꽃만이 나왔고 잎겨드랑이에 꽃이 피는 것과 줄기 끝에 꽃이 피는 것 사이에서는 잎겨드랑이에 꽃이 피는 것만이 나왔다.

결국 멘델은 서로 대립하는 형질 사이에서 나오는 잡종 제1대에서는 두 형질 중 하나만이 나온다는 것을 알아냈고 잡종 제1대에 나타나는 형질을 우성, 그렇지 않은 형질을 열성이라고 불렀다. 즉 멘델의 유전 법칙은 우성 순종과 열성 순종 사이에서 나오는 잡종 제 1대는 반드시 우성이 된다는 것이며 이것을 우열의 법칙이라고 부른다. 멘델은 생물이 가진 서로 성질이 대립이 되는 유전자 중 다른 유전자보다 그 효과가 더 잘 드러나는 유전자의 특성을 우성이라고 부르고 그 반대의 특성을 열성이라고 불렀다.

우성 유전자를 T, 열성 유전자를 t라고 하자. 예를 들어 사람의 경우 키가 큰 형질을 우성이라고 하면 유전자형이 TT, Tt인 사람은 표면형으로 키가 크고 유전자형이 tt인 사람은 표면형으로 키가 작다.

아빠의 유전자형이 TT이고 엄마의 유전형이 Tt라고 하면 아빠와 엄마는 모두 표면형으로 큰 키이다. 자식들의 유전형은 아빠 엄마로 부터 각각 하나의 유전자를 받는다. 그러므로 잡종 제1세대에서 자식이 가질 수 있는 유전자형은 TT, Tt의 두 종류라가 되고 둘 다 모두 큰 키를 나타낸다. 이것이 바로 우열의 법칙의 한 예이다.

QUIZ 03

멘델의 분리의 법칙을 설명하라.

해설 한 쌍의 유전자에서 우성 유전자는 대문자로 열성 유전자는 소문자로 나타내면 우성형질인 순종 노란색 완두콩은 RR이고 열성형질인 순종 녹색완두콩은 rr로 나타낼 수 있다. 처음에 노란 완두콩과 녹색 완두콩을 교배하면 각각의 완두콩의 유전자를 하나씩 가지게 되어 Rr인 잡종 유전자가 된다. 이를 잡종 제 1

대 형질이라고 하며 노란색이 녹색보다 우성인 우열의 법칙에 의해 모든 완두콩은 우성형질인 노란색을 띄게 된다.
잡종 제 1대 형질인 잡종 유전자끼리 다시 교배를 하면 잡종 제 2대의 형질이 나타나는데 이때 노란 완두콩과 녹색 완두콩이 모두 나타난다. 노란 완두콩과 녹색완두콩은 3:1의 비율로 나타나는데 이를 분리의 법칙이라고 한다. 대부분의 완두콩은 노란 완두콩이 나타나고 전체 완두콩 양의 4분의 1이 녹색 완두콩이다. 이때 전체 완두콩의 유전자비율은 RR : Rr : rr = 1 : 2 : 1 이다. RR은 순종 노란 완두콩, Rr 은 잡종 완두콩, rr은 순종 녹색 완두콩을 의미한다.

QUIZ 04

1903년 독일의 코렌스는 분꽃의 경우 멘델의 유전법칙을 따르지 않는다고 주장했다. 멘델의 법칙대로라면 빨간 분꽃과 흰 불꽃을 교배시켰을 때 잡종 제1대에서는 빨간 꽃이나 흰 꽃이 나타나야하지만 분꽃의 경우는 분홍꽃이 나왔다. 이렇게 멘델의 우열의 법칙을 따르지 않는 유전을 무엇이라고 부르는가?

해설 코렌스는 빨간 분꽃과 흰 분꽃 사이에 우열 관계가 분명하다면 붉은 꽃 또는 흰꽃이 되어야 하지만 실제로는 분홍 분꽃이 나타나는데 분홍 분꽃이 나타나는 것으로 보아 우열관계가 불완전하다고 생각했다.

ANSWER

04 중간유전

그리고 분홍 분꽃끼리 교배하면 멘델의 분리의 법칙에 따라 붉은 분꽃과 흰 분꽃이 3:1의 비율로 얻어져야하지만 코렌스의 실험결과는 붉은 분꽃: 분홍 분꽃: 흰 분꽃 = 1:2:1의 비율로 나타난다. 이것 또한 우열관계가 불완전하기 때문에 나타나는 현상이라고 생각되며 이러한 유전현상을 중간 유전이라고 부른다.

QUIZ 05

모든 세포는 전에 존재하는 세포로부터 기원한다고 주장한 사람은?

QUIZ 06

난자를 발견한 사람은?

해설 17세기의 과학자들은 사람들의 수컷에 정자가 있다는 것을 알아냈다. 1827년 독일의 폰 베어는 암컷에는 정자에 반대되는 난자가 있다는 것을 알아냈다.

ANSWER

05 피르호(1821 ~ 1902) 06 폰 베어

QUIZ **07**

정자가 난자 속으로 들어가 두 개의 핵이 합쳐져 새로운 핵을 만든다는 것을 처음 발견한 사람은?

해설 헤르만 폴과 헤르트비히는 각각 독자적으로 정자가 난자 속으로 들어가 두 개의 핵이 합쳐져 하나의 핵을 만든다는 것을 알아냈다. 이것을 수정이라고 부른다.

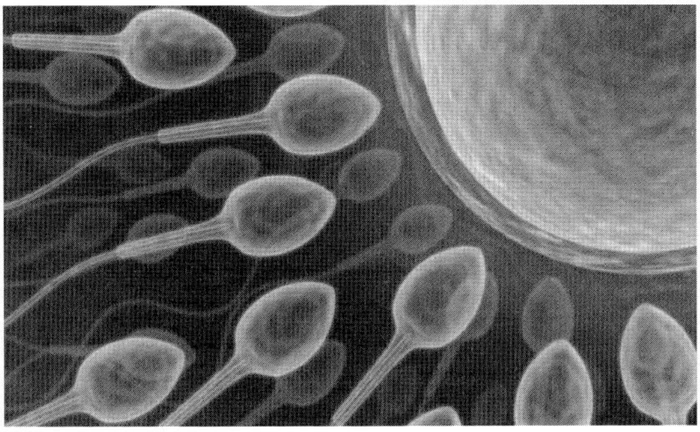

QUIZ **08**

염색체를 처음 발견한 사람은?

해설 독일의 플레밍은 1860년대 동물 세포 핵속에 아닐리 염료로 염색했을 때 색깔을 띠는 실모양의 토막들을 발견하고 이것을 염색체라고 불렀다.

ANSWER

07 헤르만 폴과 헤르트비히 08 플레밍(1843 ~ 1905)

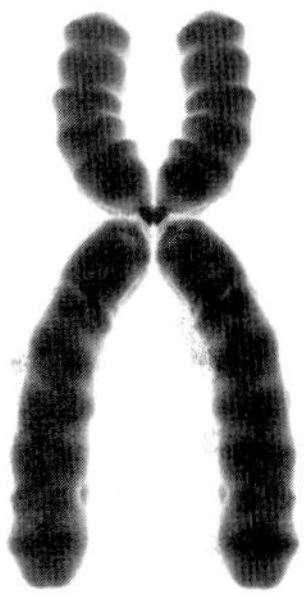

QUIZ 09

생식포가 만들어질 때 염색체의 수가 반으로 줄어드는 감수분열을 한다는 것을 처음 알아낸 사람은?

해설 베네덴은 현미경을 통해 동식물의 염색체의 수를 조사했다. 그 결과 그는 동물의 체세포의 염색체수는 같은 동물에 대해서 일정하다는 것을 알아냈다. 예를 들어 사람은 46개의 염색체를 가지고 있고 옥수수는 20개, 악어는 32개의 염색체를 가지고 있다. 그는 체세포 분열과정에서는 염색체의 수가 달라지지 않지만 생식 세포분열을 할 때는 염색체의 수가 반으로 줄어들어 23개가 된다고 주장했다. 정자와 난자의 수정과정에서 정자에서 온 23개의 염색체와 난자에서 온 23개의 염색체가 합쳐져 자식의 염색체의 수는 46개가 된다.

ANSWER

09 베네덴(1846 ~ 1910)

그 후 보베리(1862~1915)는 각각의 염색체가 형질을 지니고 있으며 생식세포의 염색체가 자손에게 유전되면서 부모의 형질이 유전된다고 주장했다. 즉, 그는 유전자가 염색체 안에 들어있는 것을 처음 알아낸 것이다.

QUIZ 10

초파리를 이용한 실험으로 수컷과 암컷을 결정하는 성염색체의 유전 과정을 연구한 이 사람은 누구인가?

해설 모건은 2주마다 새로운 세대를 만들어내는 초파리를 이용했다. 초파리는 수백개의 알을 낳고 염색체의 수가 네 쌍이어서 유전을 연구하기에는 최적의 조건을 지니고 있었다.

생물이 수컷인지 암컷인지를 결정하는 염색체를 성염색체라고 하는데 성염색체는 X와 Y의 두 종류가 있다. 암컷은 항상 XX의 쌍을 가지며 수컷은 항상 X Y의 쌍을 가진다. 이때 자식은 아빠와 엄마로부터 각각 하나씩의 성염색체를 받는다. 이때 아빠로부터 X염색체를 물려 받으면 남성이 되고 Y 염색체를 받으면 여성이 된다.

1910년 모건은 염색체가 실에 꿰어진 구슬처럼 유전자들의 묶음으로 이루어져 있고 정자나 난자 세포를 과정에서 쌍으로 되어 있는 염색체가 잘려 나갔다가 다시 합쳐져 자식의 염색체를 만든다고 생각했다.

ANSWER

10 모건

QUIZ 11

색깔을 바르게 구별하지 못하는 상태를 '색맹'이라고 부른다. 모든 색깔을 구별하지 못하는 것을 '전색맹'이라고 하고 빨강과 녹색을 구별 못하는 것을 '적록색맹'이라고 한다. 색맹이 남자에게 많이 생기는 이유를 설명하라.

해설 색맹은 유전에 의해 부모로부터 물려받아 생기는 것이다. 색맹 유전자는 X염색체 위에 존재하여 유전되는 반성유전이다. 색맹의 형질을 가지고 있는 염색체를 X'이라고 하면 여성은 X염색체'를 두 개 가지기 때문에 XX, X'X, X'X'인 총 세 가지 경우가 있다. 앞의 두 가지 경우는 색맹이 나타나지 않고 X'X'인 경우가 색맹이다. 남성은 X 염색체 하나와 Y 염색체 하나를 가지므로 XY, X'Y 인 두 가지 경우가 있는데 X'Y인 경우가 색맹이다. 여자는 확률적으로 남자보다 색맹 유발 빈도수가 작다. 즉, 여성이 색맹에 걸리려면 두 개의 X염색체 모두에 색맹 유전자가 있어야 하고 남성은 한 개의 X염색체에만 있어도 색맹이 걸리기 때문에 남자가 색맹에 더 잘 걸린다.

혈우병의 경우도 색맹과 같다. 혈우병 유전자는 정상 유전자에 대해서는 열성이기 때문에 쉽게 나타나지는 않는다. 혈우병 유전자는 X염색체 상에 위치하므로 여자의 경우 정상은 XX, 잠재성은 XX', 혈우병은 X'X'로 나타낼 수 있다. 남자의 경우혈우병은 X'Y이며 잠재성은 없다.

여자의 경우는 X염색체를 두 개 가지므로 둘 다 혈우병 인자를 가져야 혈우병에 걸리는 반면 남자의 경우는 X염색체를 하나 가지므로 남자는 X염색체에 혈우병 유전자가 있으면 혈우병에 걸린다. 때문에 남자는 혈우병에 대한 잠재성이 없고 여자보다 훨씬 혈우병에 걸릴 확률이 높다. 이처럼 어떤 유전자가 성염색체 X염색체, 또는 Y염색체상에 위치하게 되면 어느 한쪽 성에서 그 형질의 출현 빈도가 다른 쪽 성에 비해 훨씬 높게 나타나게 되는데 이런 유전 현상을 반성유전이라고 부른다.

QUIZ 12

세포핵 속에 핵산이 있다는 것을 발견한 사람은?

해설 스위스의 생물학자 미셔는 인간의 백혈구 세포를 연구했다. 그는 병원을 돌아다니며 고름에 젖은 붕대를 구해 고름 속 백혈구 세포를 조사했다.

ANSWER

12 미셔(1844 ~ 1895)

이 실험을 통해 그는 세포질에 단백질이 풍부하게 들어있다는 것을 알아냈다. 그는 세포질을 제거하고 세포핵만들 남겨두고 세포핵이 어떤 물질로 이루어져 있는지 조사했다. 그는 세포핵을 구성하는 물질이 세포질을 구성하는 물질과는 다르다는 것을 알아내고 물질을 뉴클레인이라고 불렀다.

뉴클레인은 탄소, 수소, 산소, 질소 원자로 이루어져 있지만 단백질과는 달리 상당한 양의 인을 가지고 있었다. 미셔는 뉴클레인이 산성기를 가지고 있는 거대한 분자라는 것을 알아냈다. 그 후 1885년 헤르트비히가 뉴클레인이 수정 뿐 아니라 유전에도 관여한다는 주을 했다. 1889년 미셔의 제자인 알트만이 뉴틀레인을 핵산이라고 불렀다.

QUIZ 13

RNA와 DNA는 무엇인가?

해설 리보스는 네 개의 탄소원자가 산소원자 한 개와 결합해 오각형의 고리를 이루며 고리의 각 코너에 수산기(OH)와 같은 원자들이 붙어있는 당이다.

이 리보스에 인산기와 염기가 붙어 있는 구조를 이루고 있는 것이 리보핵산(RNA)이다. 염기는 구아닌, 아데닌, 시토신, 티민, 우라실의 다섯 종류가 있는데 영어 첫 철자인 G, A, C, T, U라고 쓴다.

RNA에서 수산기(OH)가 있어야할 자리에 산소가 빠진 수소만 달라붙어 있는 구조로 되어있으면 디옥시리보핵산(DNA)라고 부른다. 디옥시란 옥시겐(산소)이 사라졌다는 것을 뜻한다.

RNA 와 DNA는 모두 네 종류의 염기를 가지고 있지만 RNA는 G, A, C, U를 가지고 있고 DNA는 G, A, C, T를 가지고 있다.

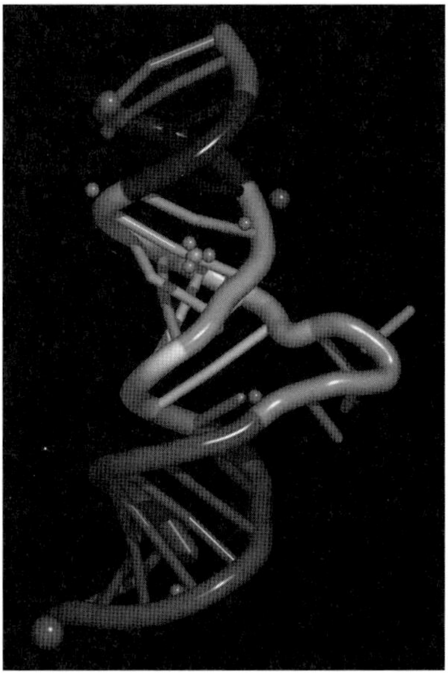

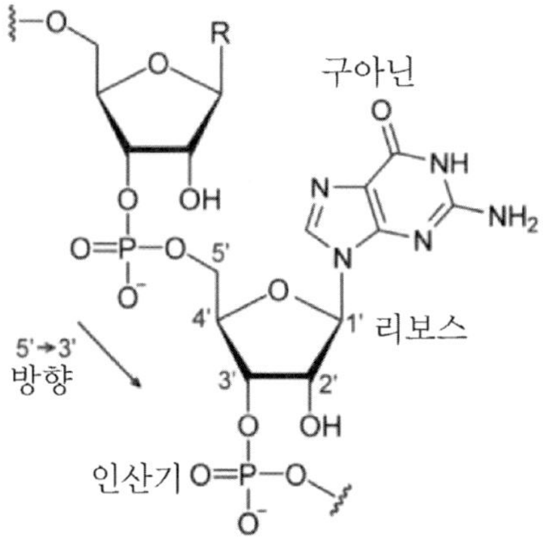

QUIZ 14

아데닌과 구아닌이 핵산 속에 있다는 것을 처음 알아낸 사람은?

QUIZ 15

티민이 핵산 속에 있다는 것을 처음 알아낸 사람은?

해설 알트만이 1893년에 발견했다.

QUIZ 16

시토신이 핵산 속에 있다는 것을 알아낸 사람은?

해설 1901년 스토우델이 발견했다.

QUIZ 17

우라실이 핵산 속에 있다는 것을 처음 알아낸 사람은?

해설 1900년 아스콜리는 효모의 핵산을 가수분해해 우라실을 발견했다.

ANSWER

14 코셀 15 알트만 16 스토우델 17 아스콜리

QUIZ 18

DNA 속에 들어있는 아데닌의 양과 티민의 양은 같고 구아닌의 양과 시토신의 양은 같다는 것을 무엇이라고 부르는가?

해설 1950년 오스트리아의 생물학자 샤가프가 발표했다.

QUIZ 19

DNA가 이중 나선 구조라는 것을 알아낸 사람은?

해설 유전물질인 DNA의 구조에 대한 연구는 X선 결정학을 통해 이루어졌다. X선을 이용한 결정 구조 연구로 노벨 물리학상을 받은 로렌스 브래그는 1938년 영국 캐번디시 연구소의 소장이 되었다. 바로 이 연구소에서 왓슨과 클릭은 DNA가 4종류의 염기가 일렬로 길게 연결된 사슬 두 가닥이 꼬여있는 이중 나선 구조라는 것을 알아냈다.

ANSWER

18 샤가프의 법칙 19 왓슨과 클릭

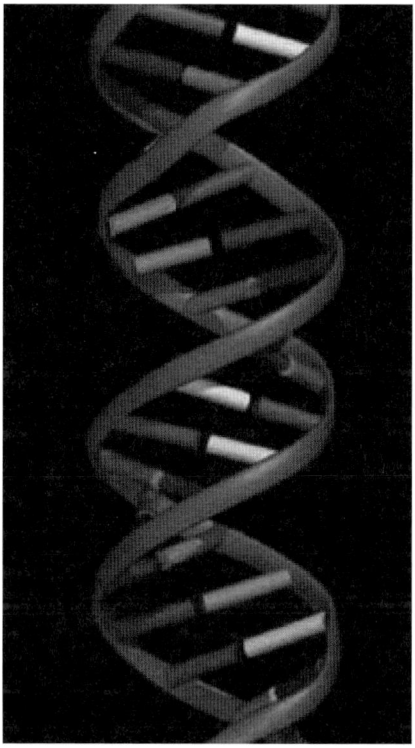

MEMO

자연과학시리즈 • 6
퀴즈 생물학의 역사

초판 인쇄 / 2014년 7월 21일
초판 발행 / 2014년 7월 25일

지은이 / 정완상
펴낸이 / 오판근
펴낸곳 / 교우사
출판등록 / 1994년 3월 24일 제6-0256호
주소 / 서울특별시 동대문구 약령시로 8 교우빌딩 2층
전화 / 02)925-2861(代), 02)925-2825(편집부)
팩스 / 02)925-2860

E-mail / kyowoo@kyowoo.co.kr
http://www.kyowoo.co.kr

ISBN 979-11-251-0040-9 (04400)
979-11-251-0034-8 (세트)

값 **10,000**원